室内设计效果图手绘

线稿与上色技法

李磊 ◎ 编著

人民邮电出版社
北京

图书在版编目（CIP）数据

室内设计效果图手绘 : 线稿与上色技法 / 李磊编著
. -- 北京 : 人民邮电出版社, 2016.9
ISBN 978-7-115-43031-1

Ⅰ. ①室… Ⅱ. ①李… Ⅲ. ①室内装饰设计－绘画技法 Ⅳ. ①TU204

中国版本图书馆CIP数据核字(2016)第165717号

内 容 提 要

本书由多次荣获手绘艺术设计大赛“最佳指导教师奖”的专业手绘一线讲师和设计师撰写。

本书内容共分 8 章，先讲解设计手绘的误区、作用、表现类型及训练方法，再从线条开始，系统、全面地逐步讲解线条的画法、如何处理明暗关系、如何排线、室内设计透视技法、室内配景的表现、室内空间线稿步骤详解、实用上色技法、室内空间着色及方案表达等内容，并对绘画过程中易出现的线条问题、透视问题及马克笔上色中的谬误等详加分析。书中对表明笔法走向和阐明绘画技巧的标注清晰、易懂，力求把好的学习方法和从教学中获得的学习经验融汇在本书中，真正做到授人以渔。

全书案例选择覆盖面广，从透视关系，到各种配景，再到各类室内空间线稿，最后到室内空间着色，均有实际案例呈现，并详细讲解绘画过程，适合作为相关专业的艺术设计学生学习参考，也适合相关培训班作为教材或辅导用书。

◆ 编　　著　李　磊
责任编辑　杨　璐
责任印制　陈　犇

◆ 人民邮电出版社出版发行　　北京市丰台区成寿寺路 11 号
邮编　100164　　电子邮件　315@ptpress.com.cn
网址　http://www.ptpress.com.cn
北京盛通印刷股份有限公司印刷

◆ 开本：889×1194　1/16
印张：10.5
字数：250 千字　　2016 年 9 月第 1 版
印数：1－3 000 册　　2016 年 9 月北京第 1 次印刷

定价：59.00 元

读者服务热线：(010)81055410　印装质量热线：(010)81055316
反盗版热线：(010)81055315

前 言

目前设计方案手绘表达的相关教材很多，但都集中在以让读者临摹书中范图为主，却很少有针对绘图技巧的细致分析和讲解。手绘效果图的学习不能只是单纯通过临摹来提高，初学者务必要掌握其中的规律，弄清其实用性的点在哪里。

本书编写的具体思路为：从最基础的技法入手，帮助初学者解决不知如何入手学习手绘的难题。书中整理了丰富的手绘表现资料和课堂教学实例，仔细解剖了学习手绘过程中需要掌握的各个细节，力求细致深入，浅显易懂，并配合方案草图到效果图的前后对比，让读者更快了解手绘的应用方向。

全书具体共分为8章，第1章讲解如何认识手绘、给初学者的一些建议等，帮助初学者首先找到学习手绘的途径；第2章和第3章分别介绍线条及透视的基本知识，通过细致讲解帮助初学者很快了解基础知识的应用；第4章至第7章是本书的重点章节，运用大量空间案例讲解单体家具、配景及室内空间线稿和上色的绘制技巧，不仅配有步骤图，而且每一分步还会深入讲解，完全达到自学效果；第8章介绍了室内空间平、立面的绘制技巧，通过实际案例来讲解怎样将平面、立面到透视表达循序渐进，实用性极强。

手绘表现不仅仅是画出一幅完整的效果图，也不是致力于学会某种工具的表现技法，而是应该能够独立地把握方案设计的理念和方法，并且能够完整全面地呈现设计的最终效果。本书通过实际案例与手绘表现的完美结合，来传递一种设计表现思路，一种全面理解室内设计的观念，帮助读者真正地理解设计与表现的内在关系。

总而言之，手绘的学习要经历两个阶段：首先是为了手绘而手绘，其次是为了设计而手绘，我们不能逾越阶段，所以，对于手绘初学者而言，还是要立足手绘的基本技法，等练习到一定阶段之后就不要为了手绘而手绘了，而应该为了设计而手绘。

本书还附赠室内设计效果图手绘的空间线稿表达和上色技法讲解两个完整视频文件。视频讲解清晰，内容完备，可以起到很好的辅助教学作用。资源文件已作为学习资料提供下载，扫描右侧二维码即可获得文件下载方式。

如果大家在阅读或使用过程中遇到任何与本书相关的技术问题或者需要什么帮助，请发邮件至szys@ptpress.com.cn，我们会尽力为大家解答。

最后希望读者能理解，为设计而手绘是目的，不是过程，同时衷心希望大家能够快乐的学习！也希望能和大家多交流，谢谢支持！

编 者

目 录

第4章

室内配景

第5章

室内空间线稿步骤详解

第6章

实用上色技法

第7章

室内空间着色实用讲解

第8章

方案表达

第1章 设计手绘解析

手绘实际上是把各种与设计相关的徒手绘制能力笼统地归结在一起，形成一种方案创作的表达手段。

当今的设计专业大学生及在职设计师，因为电脑效果图的疯狂普及而对手绘存在着很多疑惑和矛盾，甚至“无情”地抛弃了这项基本功，不禁令人感到费解和无奈。在此我以一名手绘教师的身份为大家就设计行业中普遍存在的手绘现象进行分析，希望能够引起读者对手绘的重视。

1.1 解析设计手绘的3个误区

1.1.1 设计手绘等同于绘画速写

很多学美术的学生都会在开始阶段把手绘和速写联系到一起，觉得两者是一回事，其实不尽然。速写是画者见到令自己心动的景物时，即兴并快速地描绘在纸上形成一幅绘画作品。或者说是创作者为了进行某种艺术创作而有明确目的的进行景物特征收集和元素提炼，而完成的作品大多都带有主观性、艺术性，应该归类为艺术作品，并不是完全客观的反映实物的全貌。而设计手绘是构思、创作和表达设计方案时绘制的一系列图解、平面、立面、剖面和透视等众多效果，它的关键在于客观地反映出空间的设计成果，以完成和大脑互动、设计交流的目的。

从以上的概念区别可以得知，速写是艺术，画法上可以夸张，可以写实，可以抽象，还可以夹杂着绘画者的任何主观因素对画面进行处理，形成一幅在过程中不需要与人进行沟通交流的艺术作品。从另一角度来说，它不用为甲方服务。

史国良速写

而设计手绘则是服务于设计的，它需要设计师和客户经常交流和沟通，需要让甲方明白设计师所设计的造型、结构和材质等关键要素。它的画法应该是客观的，是反映真实的空间的，因此，图纸上不应夹杂着变形、抽象等艺术技法。

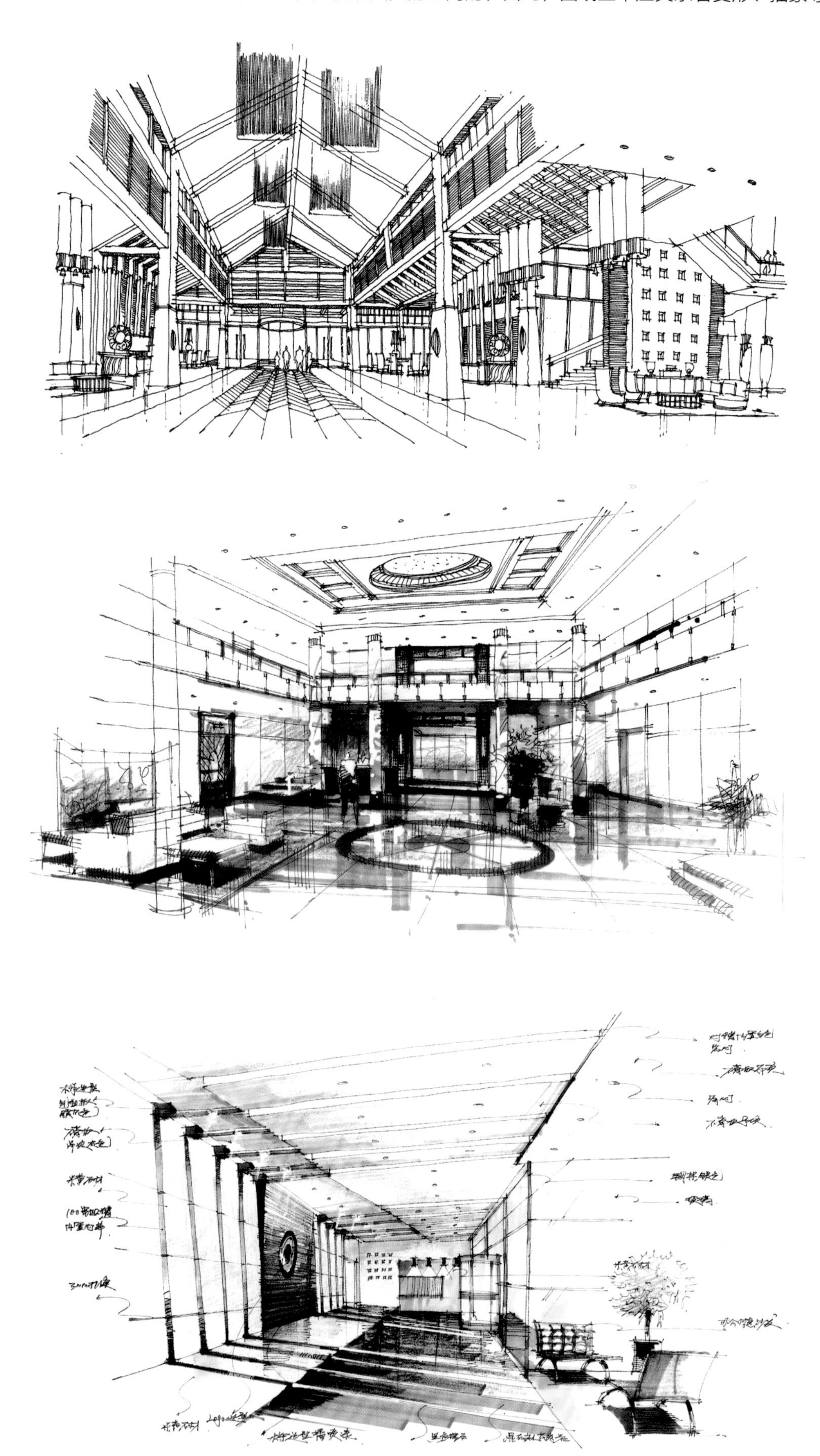

两者虽然都是以线条来表现对象，但是画法上是有本质区别的。很多艺术院校的学生看不清这一点，认为自己有绘画功底就可以毫不费力地操控好手绘，但是当他们真正去画的时候，又觉得无从下笔。其原因就是并没有真正地去了解两者的本质区别。绘画时脑子里出现的意识包括“线面结合”“像不像”和“线条优不优美”等要素，而手绘则要体现“空间透视准确与否”“空间尺度和尺寸准确与否”“空间结构是否表达准确”和“线条表达是否清晰”等要素。目标点不同，所以表达结果显然不同，希望读者在学习过程中要正视这些区别，从真正的设计手绘入手。

1.1.2 设计手绘可以在短时间内速成

正因为设计手绘表面上给人一种不太复杂的简洁感，所以有一部分人会认为“手绘太简单了，不用花太久时间去学习，自己随便练练就行了”和“现在不着急学，到时候报个短期速成班，不一定老师教什么，有个氛围就好了”的看法。但是，有几个人真正能在短时间内练成了高手？又有几个人通过随便练练或上一期速成班就能够自如地运用手绘了？

大多数人尚未意识到，要想练好手绘，除了必要的刻苦训练之外，还需要有很好的学习方法，绝不是单纯地对着范本临摹几张图就能成为高手的。很多手绘培训班在教学生的时候都会收集大量的临摹资料，然后告诉学生，只要认真临摹一遍范本里的图，就可以速成，甚至成为高手。结果学生纷纷地相信了这些所谓的“真理”，每天临摹十几张，一个月下来画的是不少，临摹的也很像，但是真正到了自己创作和对着实物照片去练习的时候，就会发现还是什么都画不出来，线条又回到了原点，透视还是把握不好，空间感也一塌糊涂。这到底是为什么呢？

其实原因很简单，即别人的图是经过设计和构思的，一张简单的效果图里蕴含了无数想法，如绘制时怎样利用线条抓住结构，有哪些取舍，等等。而临摹者所想的只是将其复制下来，追求的是“画得像”，并没有认真体会临摹范图的真谛，也没有从设计的角度去思考问题，结果只能是知其表而不懂其里。我在教学的时候也时刻提醒着大家，所谓的手绘短期速成实际上就是推出一种固定的模板让习者机械地抄袭，并没有从设计的角度去理解正确的手绘，也没有真正去教习者具体的画图步骤。这样下来往往是一百个人画出来的图都是一个模样，还自以为是地认为这样画是正确的，并产生强烈的成就感。

在这里我真诚地希望读者要正视手绘，要明白它靠的不仅仅是美术功底和日积月累的训练，还要靠与设计方案的完美结合，每个不同空间的设计就会运用不同的表达手法，只有这样才能体现它的价值，而做到这一点，绝对不是一两个月就能做到的，更不是报一期速成班就能做到的。希望正在学习手绘的人认真思考这一点。

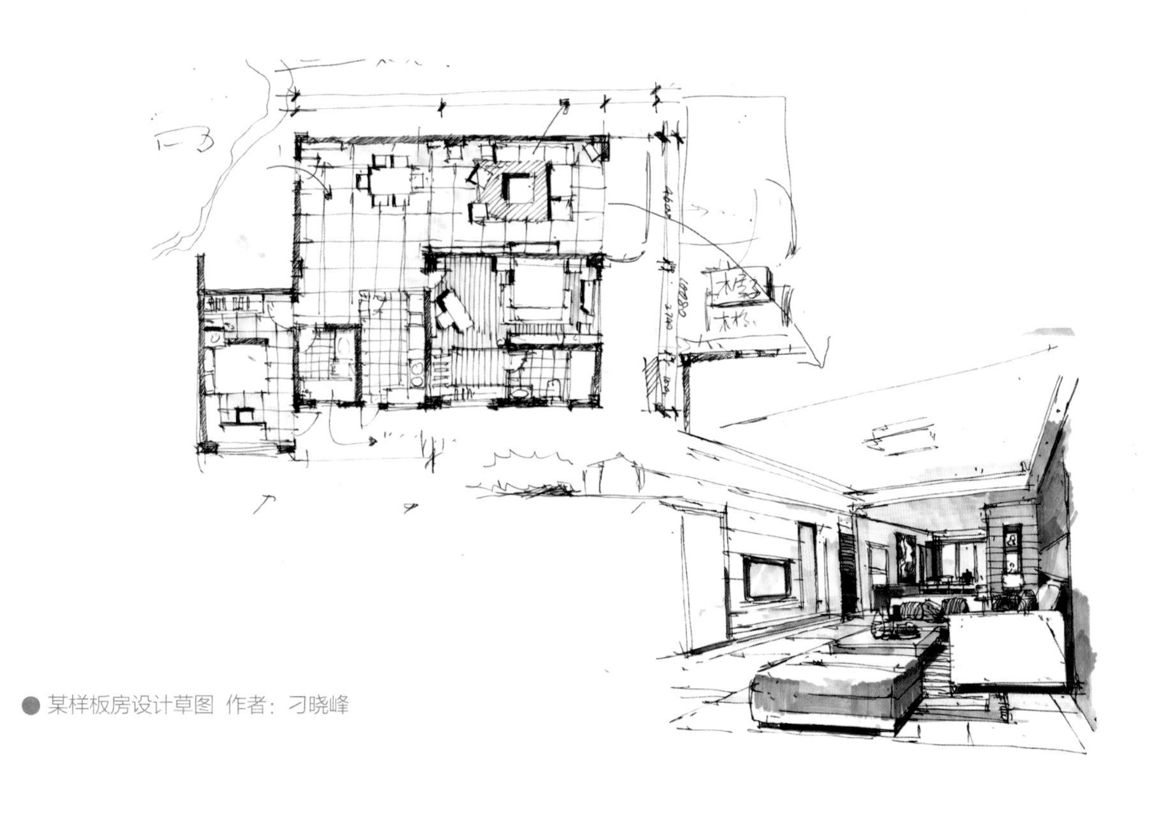

● 某样板房设计草图 作者：刁晓峰

1.1.3 学习手绘无用武之地

大多数人认为手绘没有用处，是因为电脑效果图的疯狂普及。电脑效果图能够给人一种极为真实的场景感受，而且操作很方便，即使不是设计专业的学生，只要努力就能够在短时间内出成果。而手绘则相反，要想运用好，则需要几年的工夫去练习和摸索。因此，很多惰性比较强的人都依赖于速成，放弃手绘而选择电脑。

也有一部分刚刚就业的学生，因为缺乏工作经验，大多是从助理做起，首先接触的是电脑效果图。也正因为如此，不少人觉得电脑效果图才是王道，手绘则根本用不到。我们需要认清的是，刚毕业的实习生进入公司都是从助理开始做起，不会立刻接触设计，因为手绘是为设计服务的，运用手绘创作方案是需要有多年设计经验的设计师，助理大多还处在学习阶段，只是参与后期表现。想要真正摆脱助理职位并开始运用手绘进行创作则需要多年的经验积累，这是一个漫长的过程，也是公司的一个规律，很多人看不到这一点，盲目地认为手绘无用武之地，这让我觉得很是无奈和荒谬。

我们不可以忽视手绘在设计中的重要地位。试想一下，如果在方案前期，你的大脑想法还处在模糊阶段时，你靠什么来留住它们？你的想法逐渐被具体化的时候，你靠什么来记录它们？我想大部分人都会回答："当然是靠手绘快速表现了。"没错，即使电脑操作再简单，再快捷，也不如手里的笔画一根线条来得方便。也正因为它的方便，才能够更有效地配合大脑，实现手脑并用。当然，我们也不能否定电脑在设计中的重要地位。当今的设计行业，手绘与电脑各处在不同的位置。明确地说，手绘适合用在前期设计及与客户交流方案和修改方案阶段；而电脑则适合用在方案后期的表现阶段，当设计师的项目被最终认可和确定后，就开始需要电脑进行效果图的制作，体现真实的空间效果，为后期的施工做准备。实际上我们练习的手绘应该是符合设计前期的"快速手绘"，而不是看似像艺术品的"绘画作品"。既然是快速表现，它追求的就不是画面效果了。因而大部分的快速手绘就显得随意、潦草，很难用"美"来形容。这也是大部分人不喜欢看手绘图的原因之一，认为这样的图纸达不到和甲方沟通的资格，实际上这是非常错误的认识。如果没有前期潦草的概念草图，没有设计师翻来覆去对草图的修改和深化，那么还谈何后期的电脑效果图。因此，我们要重视手绘，重视平时的训练，争取达到在设计中自如地运用。

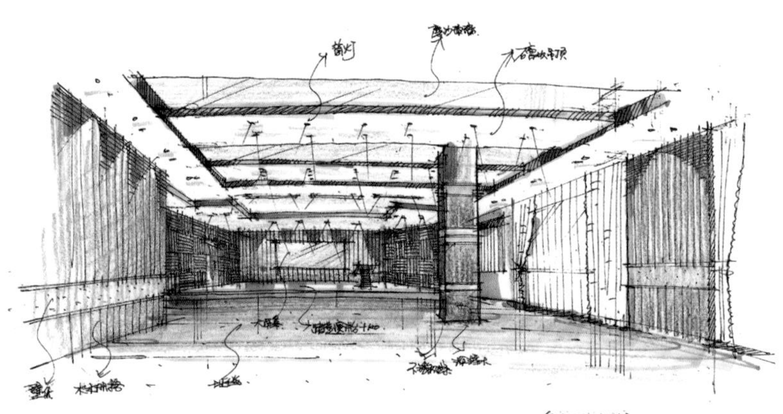

● 前期方案草图

● 后期表现图

1.2 设计手绘的作用

1.2.1 关于就业

在设计行业中，手绘是工作中不可或缺的技能之一，高端的设计公司都要求设计师具备手绘能力。因为手绘草图是贯穿整个方案的设计过程，从前期的项目解读到方案的构思，再到付诸于笔端形成较成熟的设计方案，都需要手绘草图与大脑紧密配合。因此真诚地希望每一位学习设计的同行都重视手绘训练。

1.2.1.1 入行的敲门砖

在这里我们要分清一点，设计草图和精细的手绘效果图是有区别的。设计草图一般是方案设计师所为，而精细的效果图则是绘图员的工作，这并不表明所有的方案设计师都不会手绘。事实上，很多刚入行的实习生还没有很强的方案创作能力，那么他们必然是先从一个手绘效果图或者电脑效果图的绘图员做起，这是锻炼观摩方案创作过程及设计结果的大好机会，也是行业的敲门砖之一。所以建议刚刚进入设计行业的学生要脚踏实地、持之以恒，千万不要急于求成，妄想一步登天。

1.2.1.2 与高端客户的方案交流

在设计过程中，甲方往往会提出许多建议，但往往他们并不能想象出凭自己喜好装修完的室内到底是什么样子，甚至有时候按照他们的想法做出的东西也不能使他们完全满意。这个时候就需要设计师适当地引导他们，在充分尊重他们的意见的同时说服他们放弃某些奇思怪想，并提出让他们更加满意而充满惊喜的方案。在这个过程中，如果设计师同时兼备手绘草图的能力，则更能令其信服，除了听到设计师口述表达之外，还能直观地看到自己空间未来的样子，这会让交流变得简单很多。如果双方在交流中随说随画，遇到问题及时解决，就可以避免很多沟通上的误会，也可以提高工作效率。

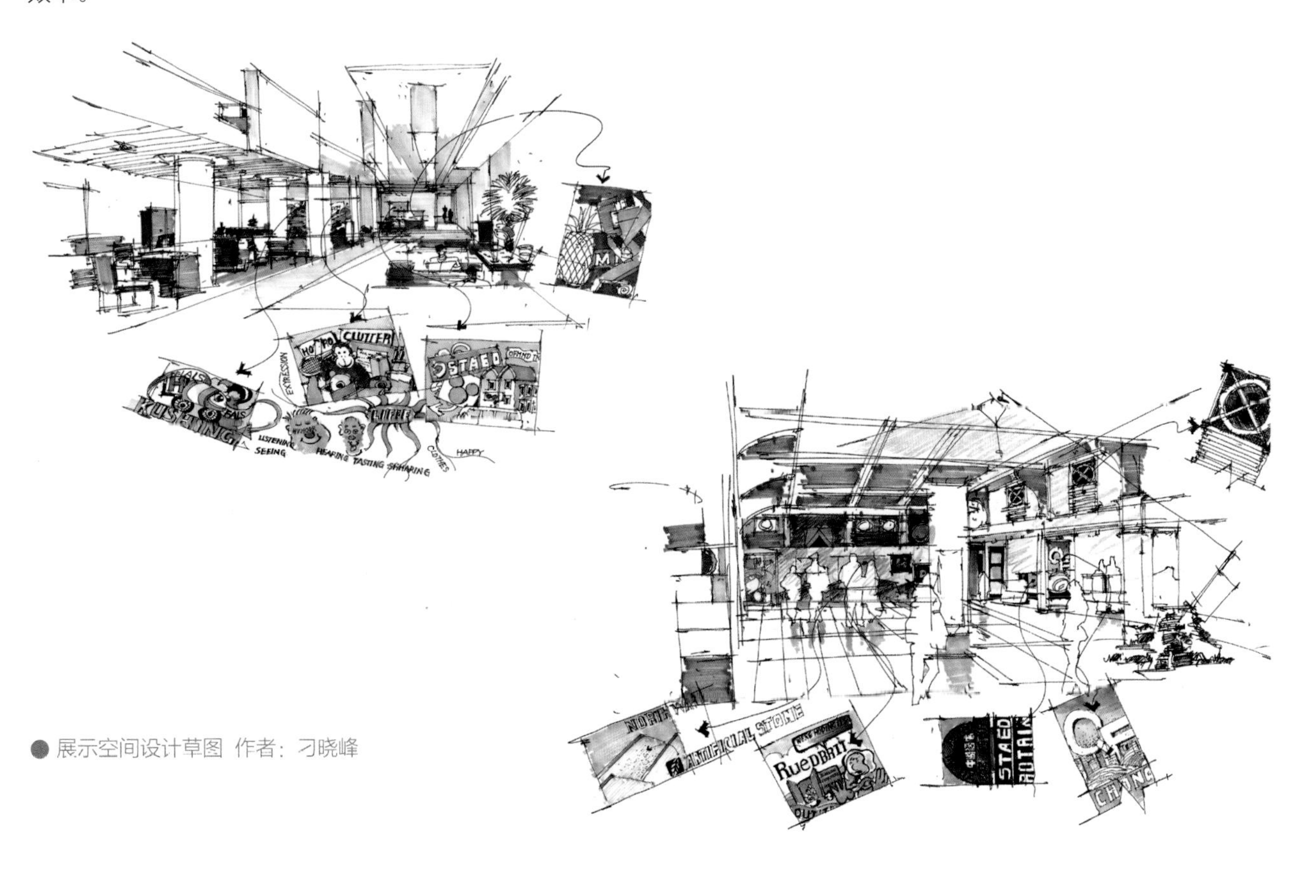

● 展示空间设计草图 作者：刁晓峰

1.2.2 关于成绩

1.2.2.1 大学专业表现技法作业

大学期间的设计教学中，专业表现作业是检验学生设计能力的一种重要手段，通常分为3种形式：精细效果图的绘制、几个小时的快速设计和几周时间完成的短期设计。

不管哪种作业类型，低年级的学生都会被要求用手绘去完成，其目的是想通过手绘表达，来判断每个学生的绘图基本功，训练手脑并用来创作方案的综合能力。正因为这样，很多设计院校开始实行这种教学模式来考查学生，只要不合格就会影响学分。很多学生基本功薄弱，快速设计能力不强，又害怕挂科，所以选择报班去训练自己的手绘表达能力，为得高分去做充分的准备。

因此对于低年级学生而言，学习手绘的目标是拿高分，而不是参加工作，因为他们还没有完全了解设计行业，不知道手绘将来有何作用，只知道依照目前老师对作业的要求去画，不出错、不缺项、图面表达效果好、视觉冲击力强、方案基本合理就可以通过甚至拿高分。

● 室内表现作业 作者：李悦（天津美术学院）

● 钢笔写生作业 作者：杜柳（天津美术学院）

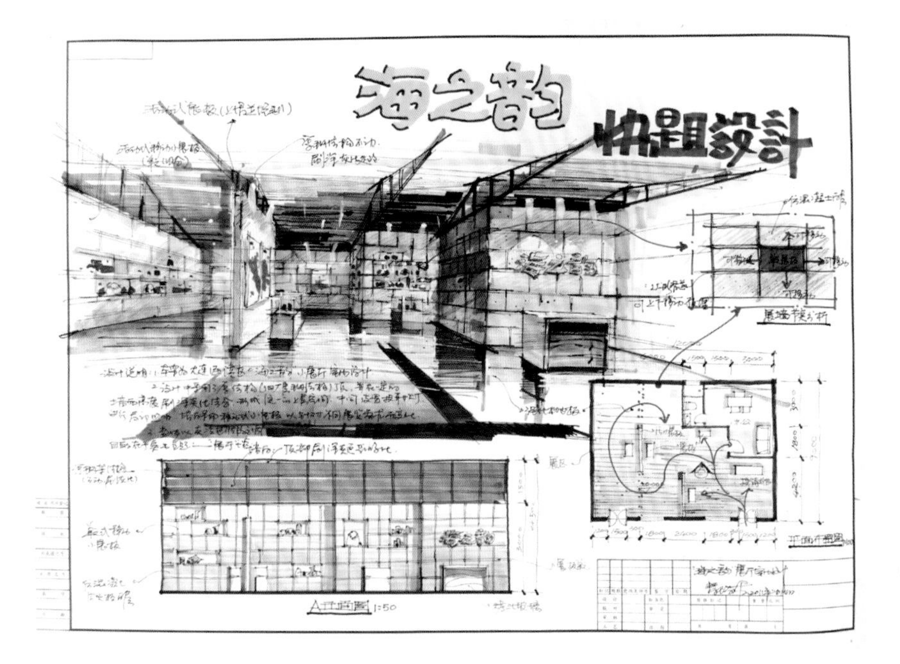

● 短时间快题设计

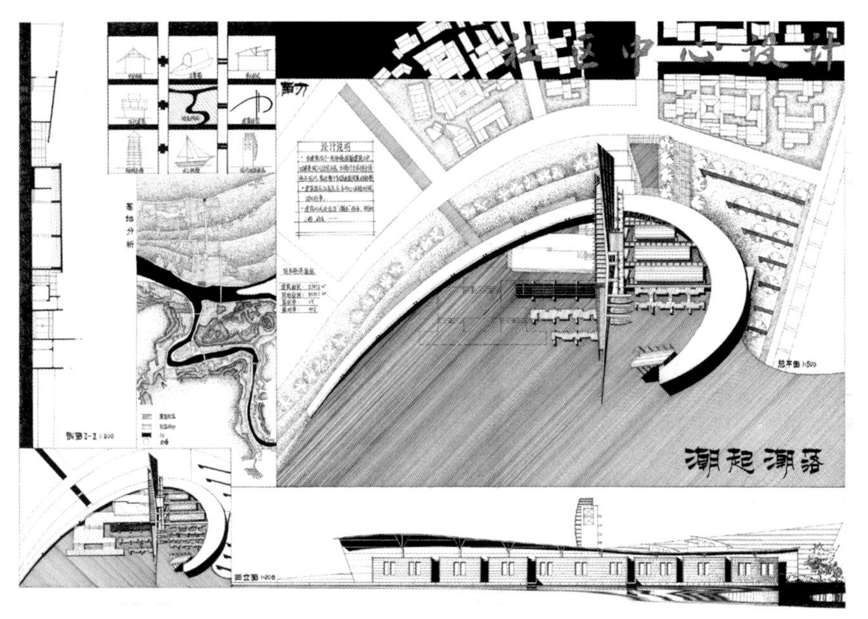

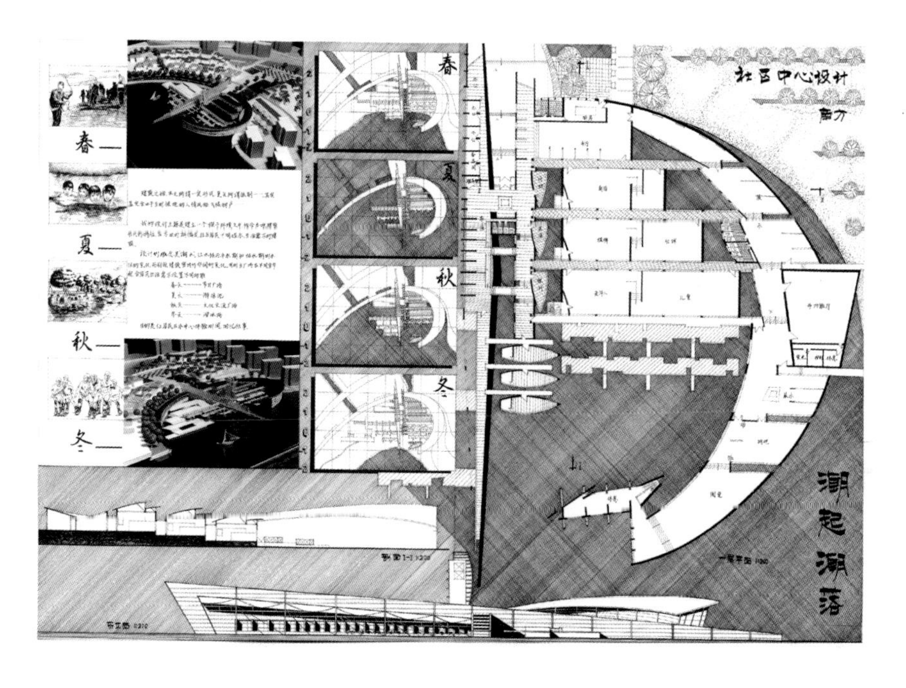

● 周期较长的设计作业
（图片摘自天津大学建筑系作业）

1.2.2.2 研究生快题考试

有些人会认为，考研过程中只需要注重设计，不需要注重手绘，只要方案做得好就能得高分。面对这样被误以为正确的“理论”，大多数基础薄弱的学生平时都不去注重手绘表达训练，只选择在最后时刻临阵磨枪，虽然花了时间去报班突击，结果却很一般。而在考试中，即便有了很多设计想法，也无从下笔，结果要么图面表达效果差、错误多；要么因为基本功不扎实导致没有画完。

实际上这是一种普遍现象，自从电脑普遍应用以来，很多大学都开始注重用电脑去进行设计表达，而忽略了手绘设计的原创性。这样就给学生传达了一种信号：手绘不再像以前一样重要了。甚至有的老师还说：“学什么手绘，会电脑就够了”之类的话。结果就是学生开始相信和服从老师的话，大学四年基本不碰手绘，即便是需要用手绘完成的作业，也是将图纸用电脑建模后打印出来，然后贴在玻璃窗上进行拓图。然而，很多学生到了大四突然决定考研时，才得知快题设计考试是需要用手绘表达的时候，又开始担心自己因为不会手绘而考不上，并后悔当初为什么没有提早学习。

请记住，考研考查的不只是设计能力，表达能力也同样重要。很多同学平时都在积累方案，设计做得很棒，但就是表达不出来，这是当今大学生普遍存在的问题。导师在评分过程中首先是从设计上整体考查学生的逻辑性和解决问题的能力，其次是从手绘表达中考查空间造型、色彩搭配、图面排版和细节深入等能力。只有这两点都做到了，才能达到院校的基本要求，获得导师认可，而这两点绝没有主次之分。因此，学生平时在注重方案训练的同时，也要注重手绘训练，做到两手都要抓，两手都要硬，才能在考试中得心应手。

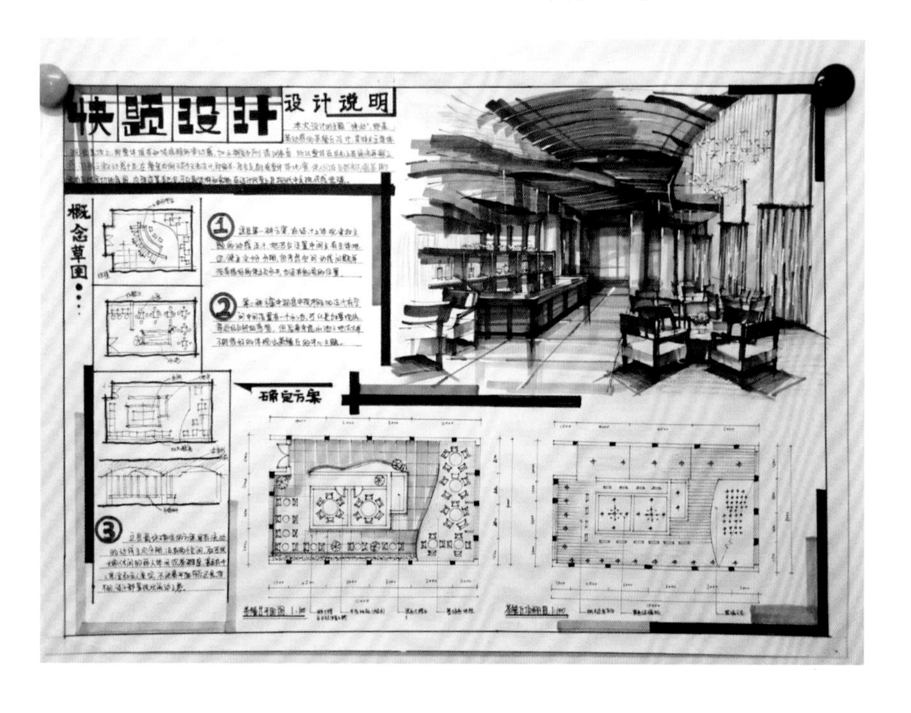

● 茶餐厅快题设计 作者：田源（天津理工大学）

1.3 设计手绘的表现类型

1.3.1 构思性草图

构思性草图一般都在方案设计的前期，它的任务是激发大脑的灵感，通过反复思考、优选和优化的过程，使方案不断趋近于对项目各方面需求的创造性解决。它的表达基本不是具象表达，也未必立刻形成完整的空间关系，表达时可以是一堆只能自己看懂的乱线，也可以是文字或者符号。它是设计的初始，是使项目深化的前提，一般只是设计师在独自创作时用来体现设计思路，不用来与甲方和绘图员沟通。

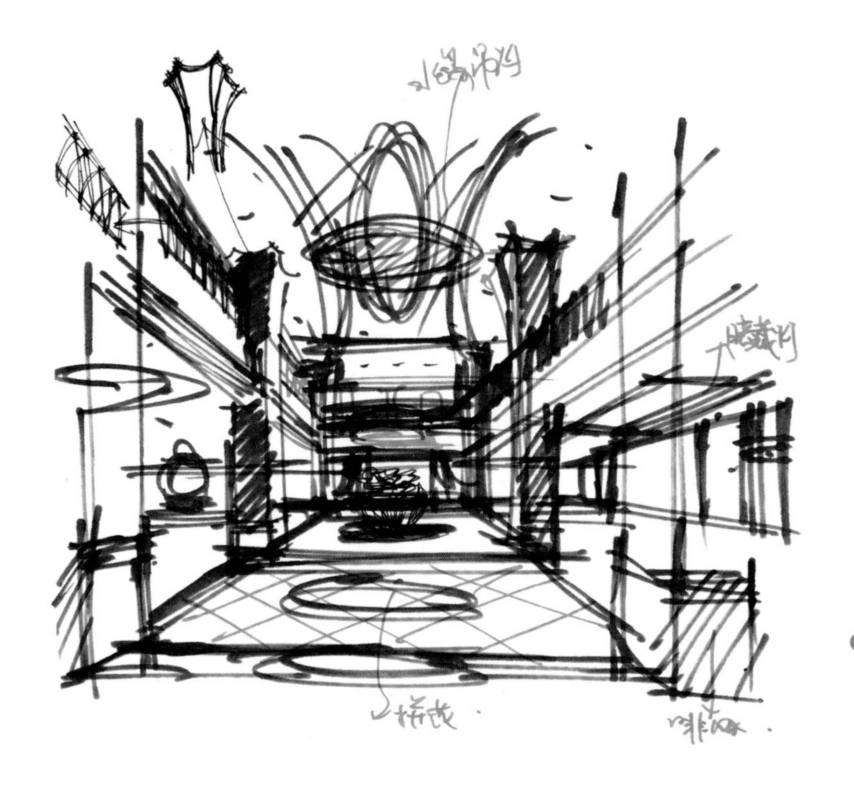

● 酒店大堂空间构思 作者：李磊

● 穿牛鼻主题公园构思 作者：刁晓峰

1.3.2 概念性草图

概念性草图是用简练概括的方式提炼出方案构思的重点部分，相对于前期构思而言，它的目标趋于具象化，表达方式没有限制，既可以具象化地体现设计细节，也可以粗略地提炼设计核心，还可以图文并茂地说明问题，甚至可以制作模型。总之，概念草图是属于构思草图之后的深化性草图，可以用来与团队进行互动，也可以拿去和甲方进行交流。

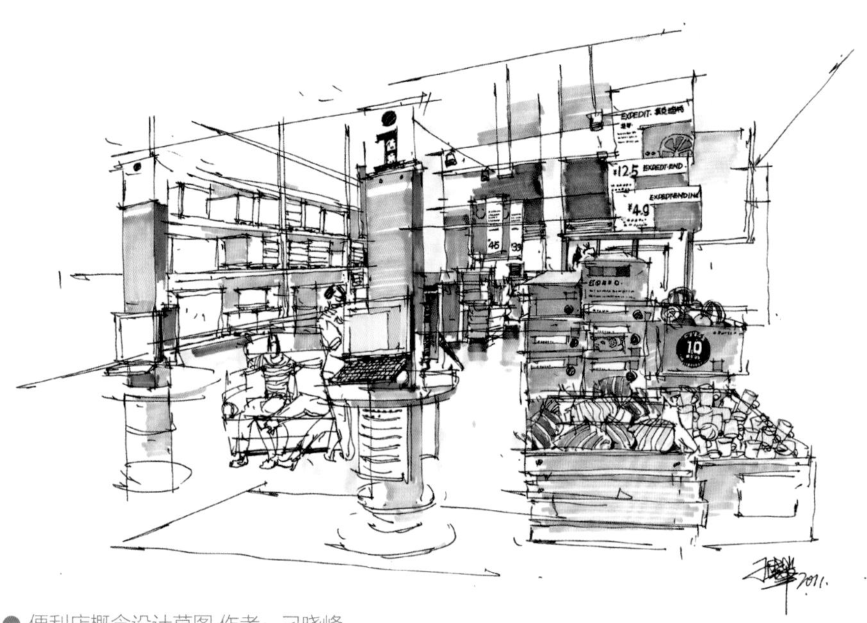

● 便利店概念设计草图 作者：刁晓峰

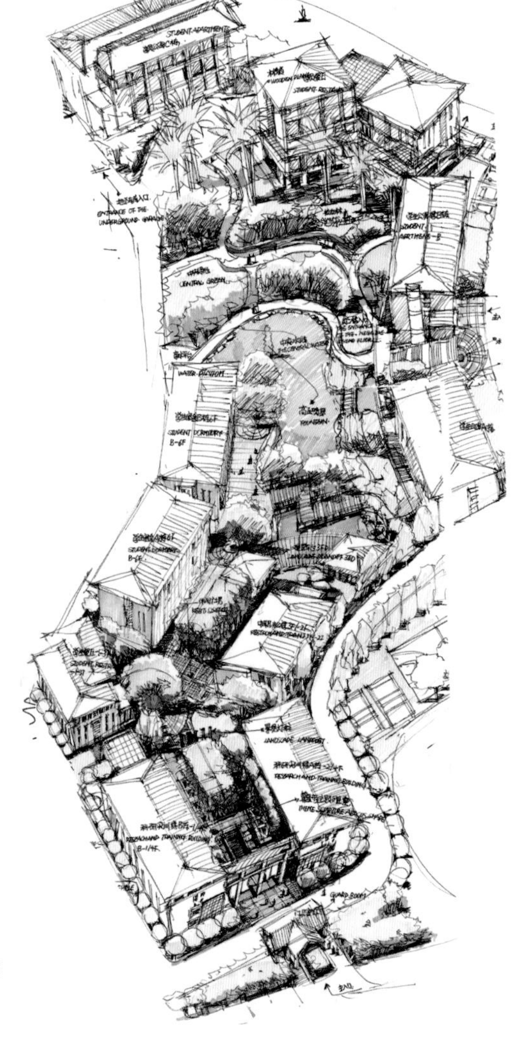

● 重庆财政学校规划设计概念草图 作者：刁晓峰

1.3.3 表达性草图

表达草图是经过前期反复推敲、沟通和修改之后，确定设计方案并与甲方交流确认后的草图类型。它与概念性草图阶段和甲方的互动是不一样的。概念性草图阶段的方案是概念的，不确定的，需要沟通交流进一步了解甲方意图然后再进行修改；而表达性草图实际上是一种结果展示。其特点是图面效果完整、美观，有说服力，线条较严谨，能清晰地表达出空间结构、灯光设计、材质属性和色彩搭配等，也能直观地反映出设计师对空间感的把握能力，并得到甲方认可，同时可以为后期的商业渲染图做铺垫。

● 欧式客厅表现草图 作者：李磊

● 会所中庭空间表现 作者：付岳潇（天津美术学院）

1.3.4 精细表现图

精细表现图是在方案全部通过后所绘制的一种商业渲染图，其特点是绘制深入、材质清晰、层次分明、效果完整，体现一种真实的空间效果。通常施工方都会利用后期表现图配合施工图进行施工指导。也由于是后期绘制，因此大部分公司都会委托公司内部的绘图高手或者效果图公司进行绘制，还会直接制作电脑效果图，其行为已经和方案构思的发展没什么关系了。

● 多功能报告厅后期表现图 作者：李磊

● 卧室空间表现 作者：李磊

1.4 设计手绘的训练方法

1.4.1 作品临摹

临摹优秀作品是学习手绘的第一步。在透视线条把握不好的情况下，可以通过大量的临摹来学习别人作品的优点。例如，初学者一开始不会画线条，这时就可以选择一些线条较严谨的作品进行临摹，认真地揣摩其特点和规律，然后再通过量的积累逐渐提高。

在此给初学者3点建议。

首先，不要在初学阶段临摹快速草图。因为快速草图画得都很随意，线条虽然帅气但空间结构未必严谨，如果专注于这种临摹，会让初学者变得浮躁，时间久了就会坐不住，也不会懂得如何深入刻画。建议是先从严谨效果图画起，认真体会范例中的空间感和结构关系是怎样明确表达的，由慢到快，先严谨再放松，经过一段时间就会看到成果了。

其次，要做到“感情专一”，尤其是初学者，不要同时学习多种风格效果图。因为每个人的处理方式和设计思维都是不一样的，如果盲目模仿，结果往往会适得其反，要抓住一种风格仔细研究，等到掌握要领后，再去学习其他风格的效果图，要做到循序渐进，才能达到更好的效果。

再次，临摹的同时不能单纯以“像不像”来衡量好坏。有的同学过分追求与范图画得像，只要有一点不一样就会觉得是画错了，其实这是不对的想法。临摹并不是让大家去做照相机，而是提取范图作品中好的元素，学到自己身上。也许通过临摹这一幅作品让你学到了线条是怎样运用的，而下一幅作品你学到了材质是怎么处理的。总之，一幅作品不可能都是优点，这就需要大家仔细研究分析，千万不能盲目照搬照抄，这样时间久了，还是什么都学不到。

● 陈新生老师速写作品

● 临摹作品 作者：宁宇航

1.4.2 照片临摹

当初学者有了一定的手绘基础之后，还可以对照照片进行练习，这也是学习手绘的有效途径之一。因为照片上没有明显的线条，无法像临摹作品那样完全描摹，它需要绘制者通过大脑的分析和提炼，凭借手绘基本功对空间和画面进行重新组织，并清晰地反映在图纸上。

初学者可以从相关设计书籍或到网上去寻找需要绘制的照片来训练。需注意的是，图片中大多都是电脑效果图或者实景照片，属于写实效果，因此在绘制时一定要提炼场景中的主要元素做重点表达，同时还要抓住空间结构，将复杂的形体进行概括处理。而那些相对次要的部分或者是遮挡住主体的“障碍物”，一般会对其做省略处理。记住千万不要完全地照抄照片，那样会事倍功半，降低工作效率。

● 室内原照片

● 照片临绘 作者：宁宇航

1.4.3 元素提炼

除了注重平时的技法训练外，还应该多去搜集相关的设计素材，并以手绘的形式进行记录。记录的方式不一定要画得很具象，也可以运用概念草图的形式表达，目的是记录设计，不是表现效果。它就好比是一本字典，方便设计师随时查阅资料，随时选用，在里面找到合适的素材。长时间坚持这样记录便会发现，自己的设计能力提高了，徒手能力也不差了。

● 室内设计资料收集 作者：刁晓峰、周先博、蒋雨彤

虽然前面说过，为了练好基本功，开始学习的时候是要画得严谨些，但是一旦有了基本功之后，就需要加快速度，慢慢过渡到快速表现上。因为快速表现才是适应方案创作的表现类型，千万不要在一幅图上花费过长的时间去追求漂亮的画面效果，那样设计思维永远是间断的。我们应该训练这种思维和徒手并用的能力，为方案创作打下坚实的基础。

第2章 室内设计手绘的基本表达

2.1 绘图工具及其选择

初学者在学习手绘的过程中对于工具的选择会有不同的需求，为了适应当代手绘的绘制需求，建议在学习阶段准备以下几种常用的绘图工具。

酒精马克笔

晨光2180会议签字笔

水溶性彩色铅笔

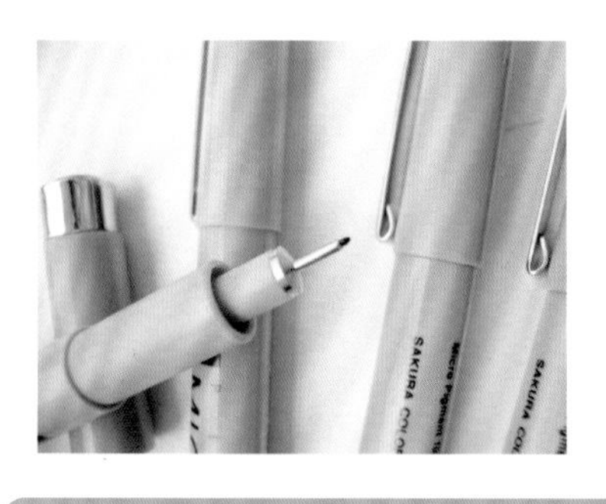

针管笔

复印纸

自动铅笔

平行尺

绘图橡皮

绘图铅笔

2.2 线条的画法

初学者，在初始阶段很少能领悟到手绘的绘制目标并不是要漂亮、有风格等，关键在于要准确地控制设计结果而进行绘制。如画线条，大多数人都在思考线条画的直不直、抖不抖、帅不帅，或者说形式上有什么可以夸张的地方，却从来没有想过它的本质意义，即明确地画出空间结构关系。

回到线条表达的训练中来，我们应该清楚地认识到它实际上只是单纯的表达要素之一。因此，只要清楚地把握好每一根线条的抑扬顿挫，肯定、有力地画出来就可以了，千万不要把过多的时间花在追求形式和美感上。

● 这张线稿表现图的线条并不算帅气，只能说是中规中矩，但是画面的整体感和结构都被细致生动地刻画出来了，这才是我们最终需要的结果，也是最适合初学者的。

● 客厅表现图 作者：李磊

2.2.1 手绘线条的特征

在这里给大家展示的是徒手绘制的线条，这种线条才是考验设计师或绘图者手绘功底的。

徒手画线首先心态要放松，这样才可以轻松的“玩线条”。请注意，这里提到的“玩”的概念，目的就是破除画线时的紧张状态，以“玩”“放松”的心态去练习，这样才能画得自如、流畅，同时也能主动地把控好手中的工具。

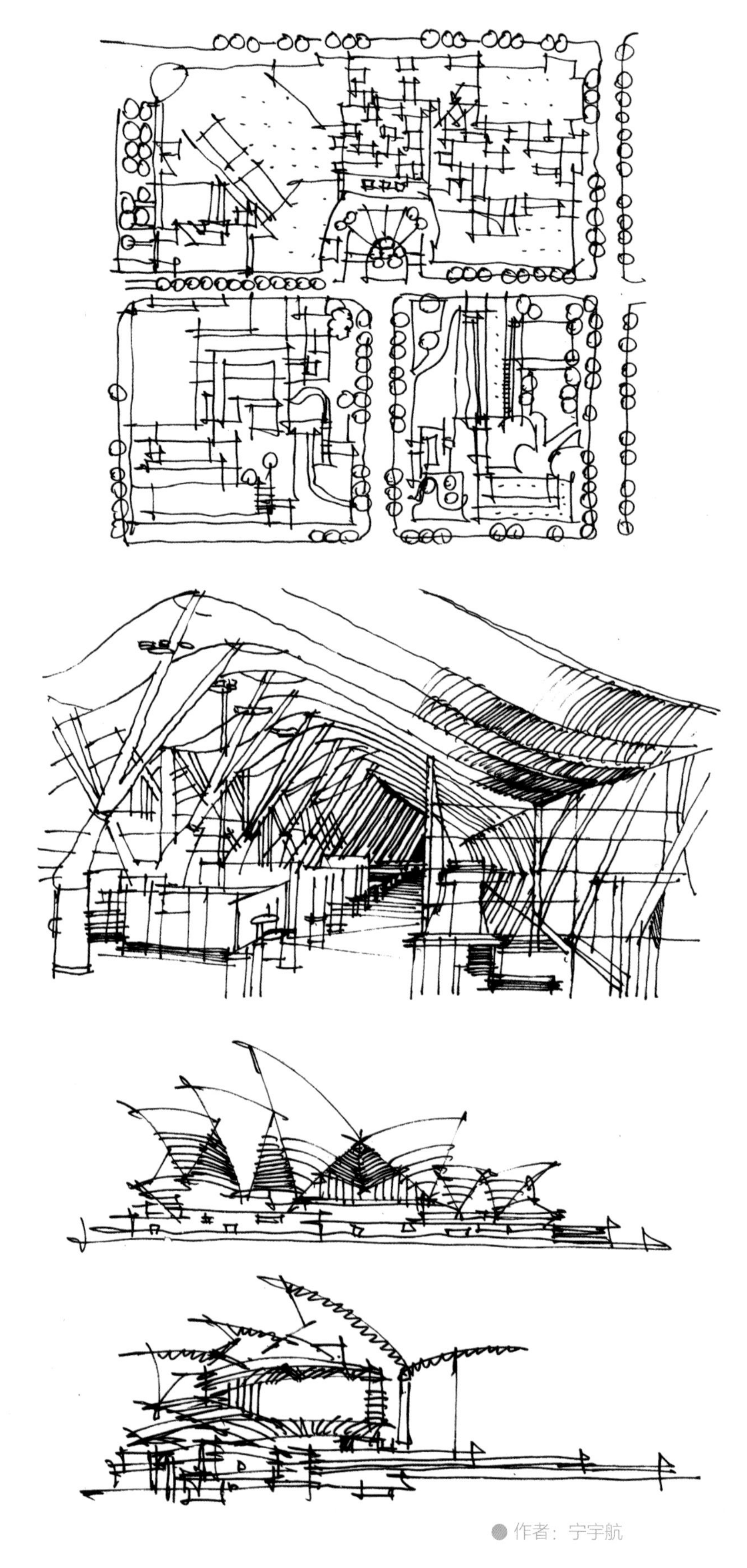

作者：宁宇航

随意的线条能够使画面显得更生动

有了放松的心态，加上对工具也较熟悉了之后，就要解决如何把线条画得更有生命力的问题了。那么什么样的线条会具有生命力呢？我们从以下几点来体现其特征。

2.2.2.1 两头重、中间轻

所谓的两头重、中间轻，即是线条的起点和终点比较重，甚至是会有些刻意地强调，中间运线的部分则放松自如，给人稳重和潇洒的感觉。

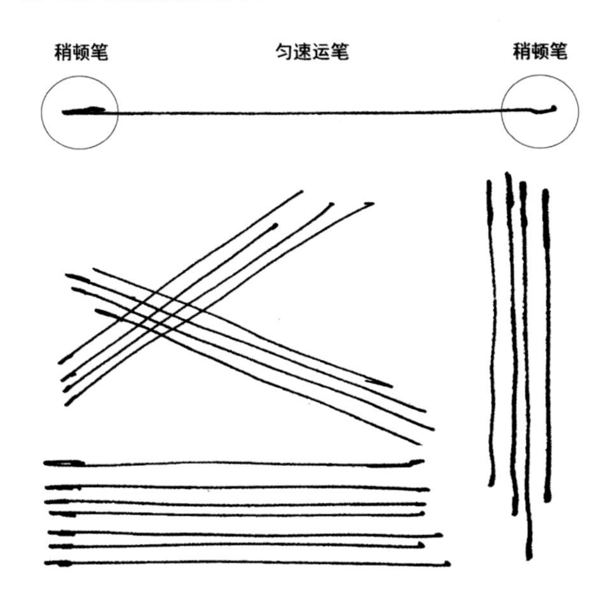

● 强调起笔和收笔的“重”并不是刻意地强调使劲，而是稍微顿笔或者用类似于书法中的逆锋起笔的方法去强调相对的重度，只要感觉上和中间部分形成对比就可以了。

有的同学在练习的时候太过刻意强调线的两头重，起笔的时候在纸上很用力的反复顿笔，结果画得很重，并和中间部分的线条严重脱节，这样做是错误的。

2.2.2.2 强调交叉点

交叉点的强调往往能够让所画物体感觉更加“结实”，结构转折更清晰。两条线在相交的过程中会刻意地“出头”，这样也是为了清楚地表达形体的转折效果。

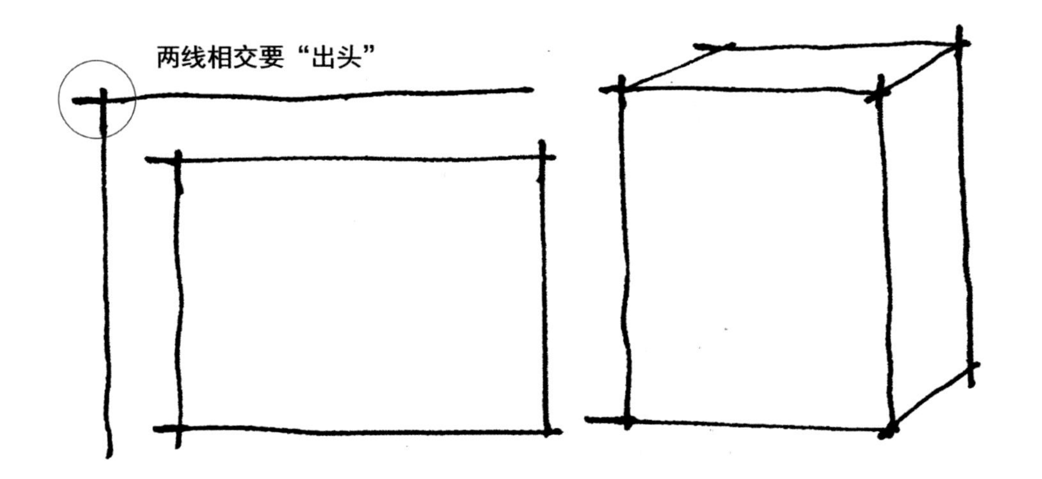

TIPS

初学者容易犯的错误是：总是在心里企图强调百分百准确，实际上画得非常拘谨，出现很多不到位的情况。例如，在起笔和收笔时出现难看的交点，或者说两根线条不敢刻意相交，很谨慎地对齐或者因为害怕而出现断点，导致效果显得非常呆板。

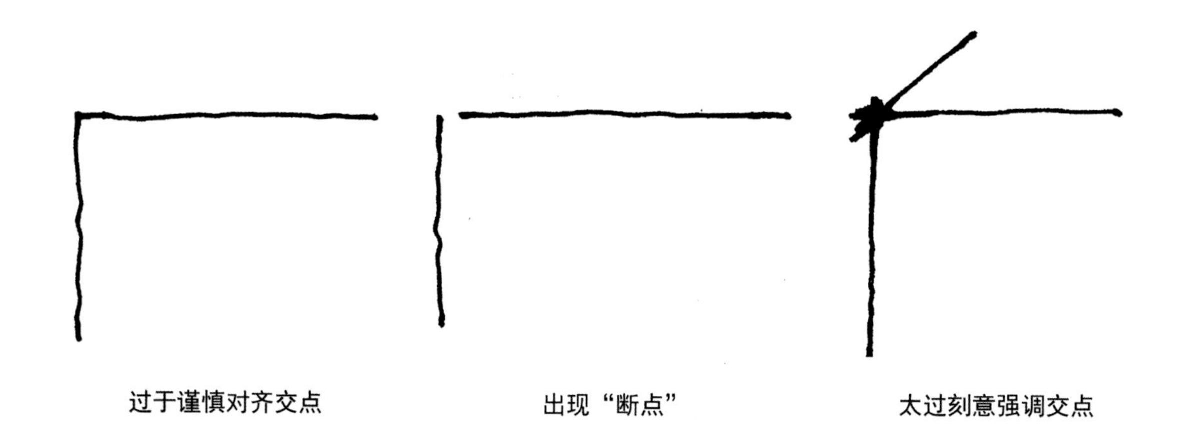

TIPS

在这里建议大家的是：画线条不要求百分百精确，交叉点宁出勿入。

2.2.2.3 小曲大直

很多初学者在学习的时候都想徒手画出尺规的线条效果，这是很令人无奈的举动。如果是这样，那为什么不直接用直尺画呢。

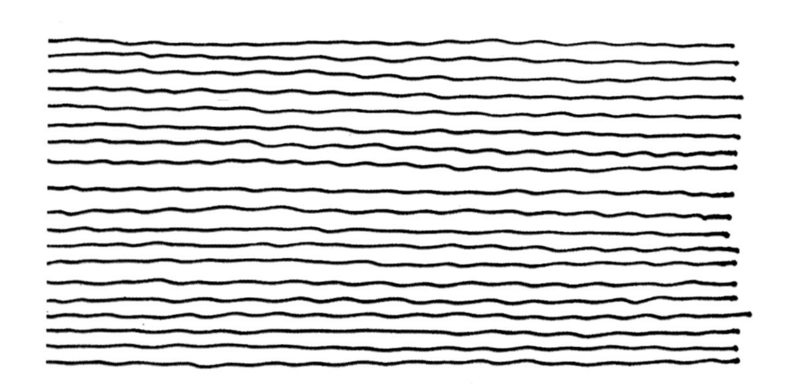

● 徒手画线所要求的“直”，只是整体感觉上的“直”，也就是说，只要起笔和收笔的两个点保证在一条水平线或垂直线上，中间部分是可以有些弯曲的。实际上这也是一种艺术表现，非要像用直尺画得那样机械、呆板，徒手也就没有意义了。

● 线条的练习需要强调感性、灵性和悟性，而不是追求严谨化、尺规化和准确化。在以放松和强调正确方法的状态下画出的线条是很有美感的，线的快慢、虚实、轻重和曲直等关系，表达得很自然。

经常练习“小曲大直”的线条，对手法、工具的控制非常有利。在教学过程中我经常强调，要想练好徒手线条，首先要从“小曲大直”的线条练起，这样经过长时间的训练，学习者画线就会更加灵活自如，变得不再刻意。

我在教学中起初都是先让学习者练习画线条，然后再练习画形体，这样可以做到循序渐进，逐步提高。

2.2.2 手绘线条的类型

根据所表达的内容不同，线条也会出现很多种类型，甚至可以说是无数种。我们应该具体问题具体分析，而不是一味地套用，以为一种线条可以走天下，画遍各种类型的图。

2.2.2.1 微抖动的线条

相信大家都看过彭一刚老先生的手绘表现图，他的线条特点就是微抖的效果。

● 彭一刚先生手绘 图片摘自《建筑空间组合论》中国建筑工业出版社

这种线条是首先向大家推荐的，很适合初学者。它的好处是：线条稳定、严谨而不拘谨、细看灵活、远看笔直、绘制简单且容易上手，可以使看图人产生很专业、很踏实的感觉。这种线条的图适合用在后期成品表现图阶段。

● 微抖线条表现图范例 作者：李磊

2.2.2.2 曲直自如的线条

曲直自如的线条和微抖动的线条有所不同，它的抖动幅度较大，运线过程非常灵活，不受限制，给人以放松、潇洒的感觉。

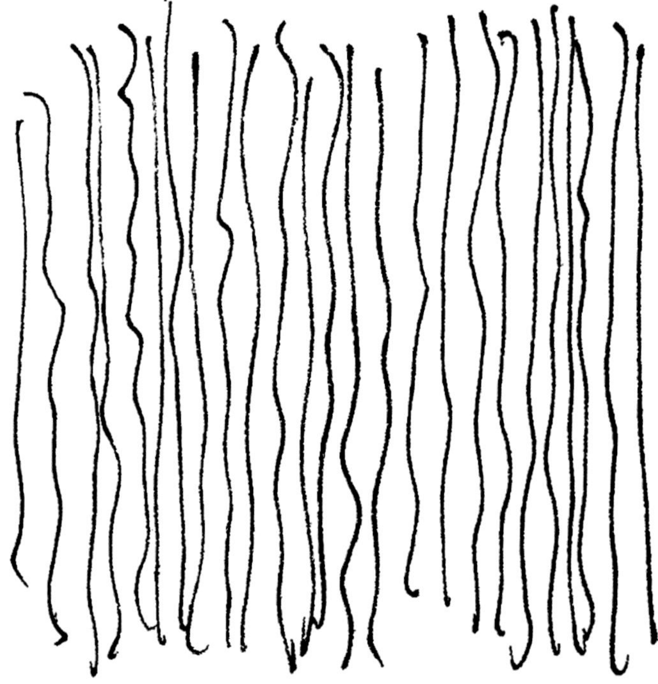

曲直自如的线条适合运用在方案创作的初期。设计师在创作过程中有意无意地画成了曲线、折线等灵活的线条走向，可能就会刺激大脑进行分析，有利于手脑互动，激发方案创作中更多的可能性。

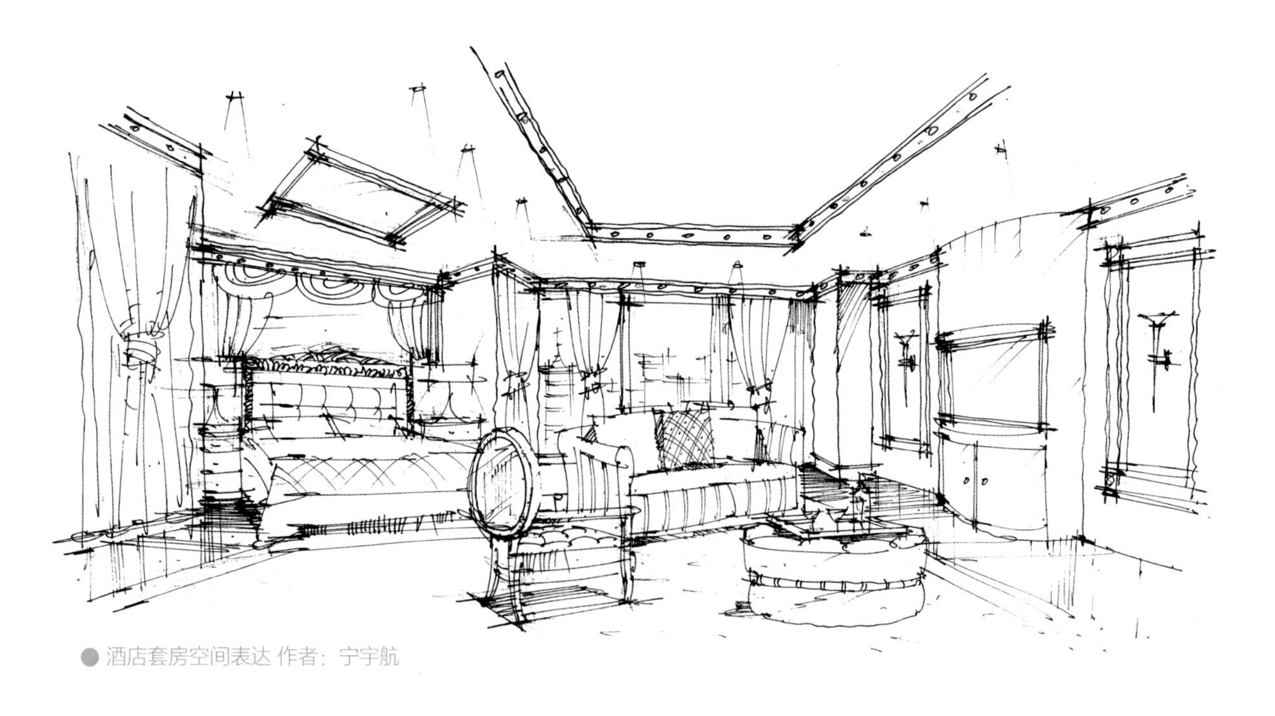

● 酒店套房空间表达 作者：宁宇航

TIPS

过于追求笔直的线条会导致绘图者手指、手腕僵硬、心情紧张，从而丧失练习的乐趣。只有放松的去画，才会让人愉悦和充满激情。

2.2.2.3 快速硬朗的线条

这种线条给人豪放、潇洒、大气、自信满满的感觉，而且效果很有张力，也能够让别人更加认同设计师的专业气质。在画线时要注意两头重、中间轻，中间部分快速地运笔，一气呵成，体现出硬朗且富有弹性的效果。

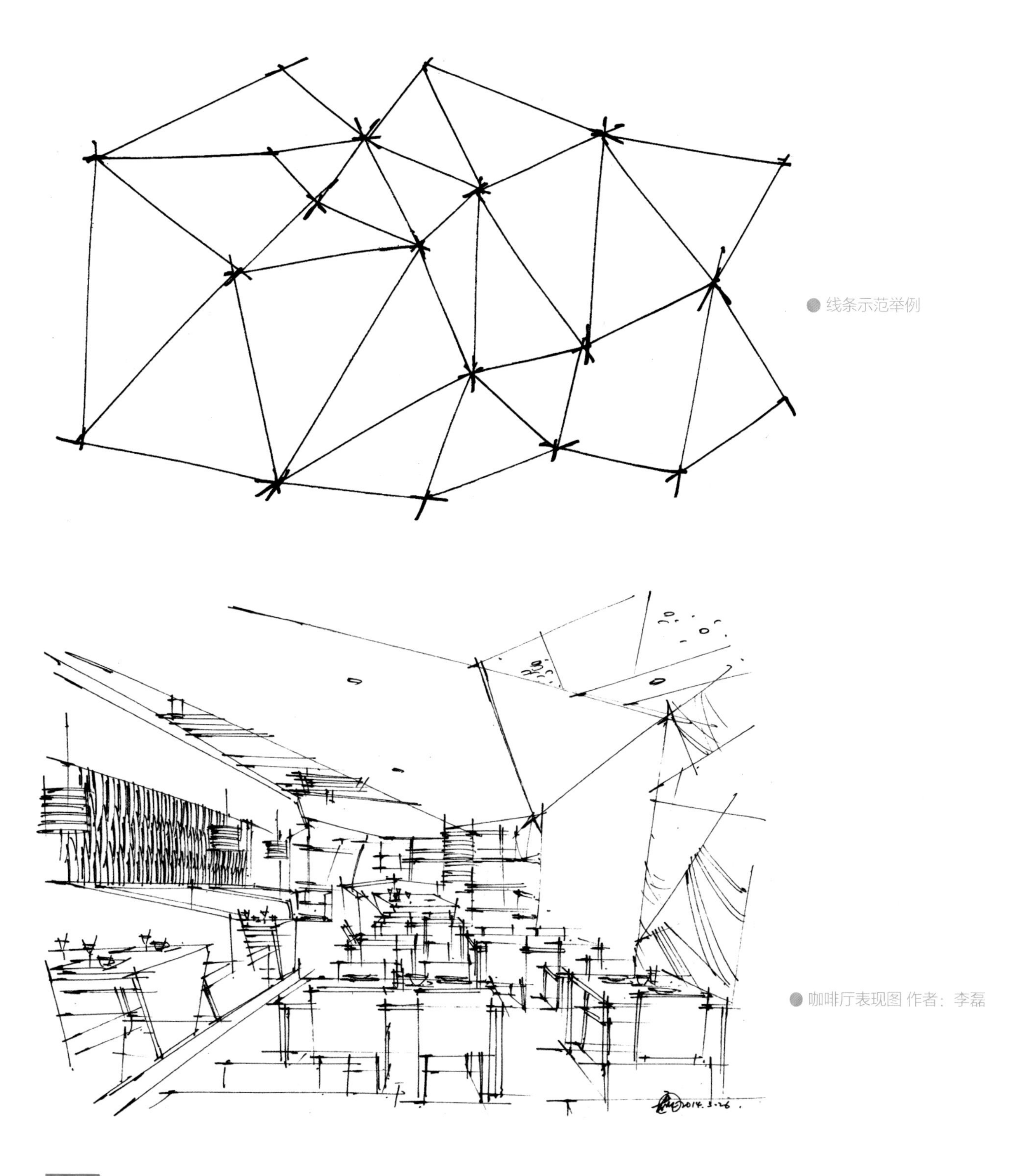

线条示范举例

咖啡厅表现图 作者：李磊

TIPS

需要强调的是，快速硬朗的线条属于比较难控制的线条，由于运笔速度极快，因此很容易画歪。要想达到熟练的程度，需要长时间的努力训练。如果说微抖动的线条和曲直自如的线条大概需要1~2个月可以训练出来的话，那么快速硬朗的线条大概需要1年甚至更长的时间才能练好，因此大家不要急于求成，建议先从前面两种线条开始学起，等到能够自如地控制线条时，就可以往快速硬朗的线条过渡了。

2.2.3 手绘线条的训练方法

2.2.3.1 线条的基本绘制方法

短线条的画法

手腕稳定地放在纸上，运用手指和小臂匀速地移动，期间不要出现断笔的迹象，要一气呵成。

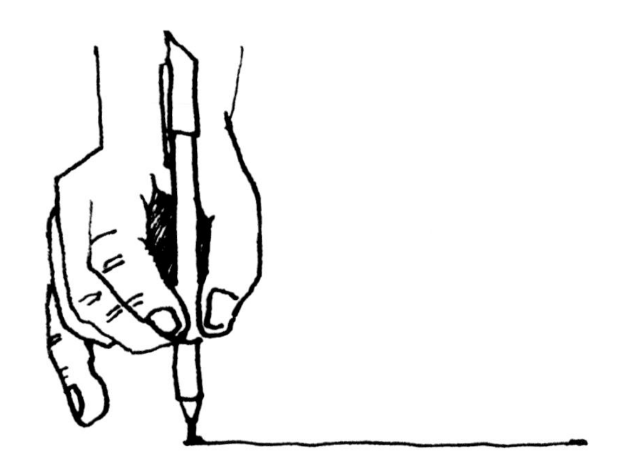

长线条的画法

手紧握住笔，手指和手腕固定，运用小臂缓慢地匀速运线。如果中间不得不需要断开时，要注意衔接的线条需从老线条末端隔开一段微小的距离开始画新线，千万不要用新线条叠加老线条，效果会很乱。

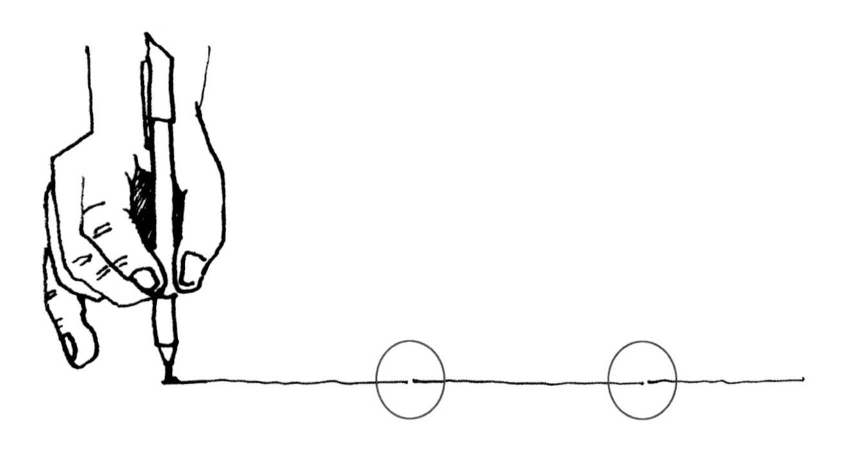

可断笔进行衔接

弧形线条的画法

运笔时应稍微画得快一些，这样才能体现弧线圆滑的感觉。但是加快画线的速度难免会出现失控的现象，需要注意在练习时应该有意识地强调线条的起笔和收笔，这样才能保证弧线平稳，不发“飘”。

初学者在练习弧线时可以在起笔和收笔之间连成一条直线，并在正中的位置上做一条垂线，然后在直线的起笔点上开始画弧线，弧线的正中间位置需要和垂线相交，收笔的部分正好和直线的收笔相交，这样画出来的弧线才是合格的弧线。通过这种方法我们可以很快地发现偏差，矫正弧线失衡的问题。经过一段时间的大量训练，相信大家就可以不用再借助辅助线去画弧线了。

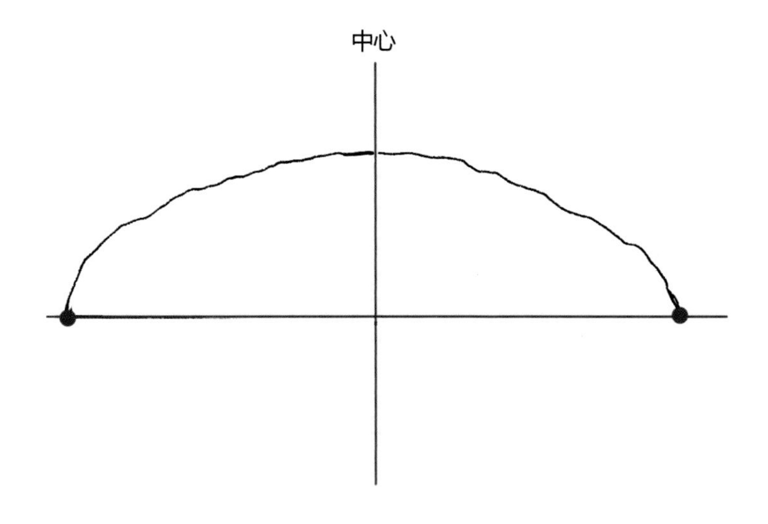

TIPS

练习线条时尽量养成用各种笔都能画的习惯，千万不要局限于一种笔。很多人抱怨“铅笔我还不会用呢，怎么能用绘图笔”“绘图笔我还用不好呢，怎么能用马克笔呢”等谬论。实际上这是非常错误的想法，我们不要教条地遵守“循序渐进”的规则，应该不拘一格，多去尝试，才能收获更多的成果。

排线训练方法

在掌握了基本的绘制方法之后，就可以进行练习了，包括均匀的排线训练、横竖线分隔退晕训练、线条回形训练和对点训练等。每种类型每天练习两遍，工具不限，在坚持一个半月左右后，就会发现，线条绘制功底明显提高了。

均匀排线训练

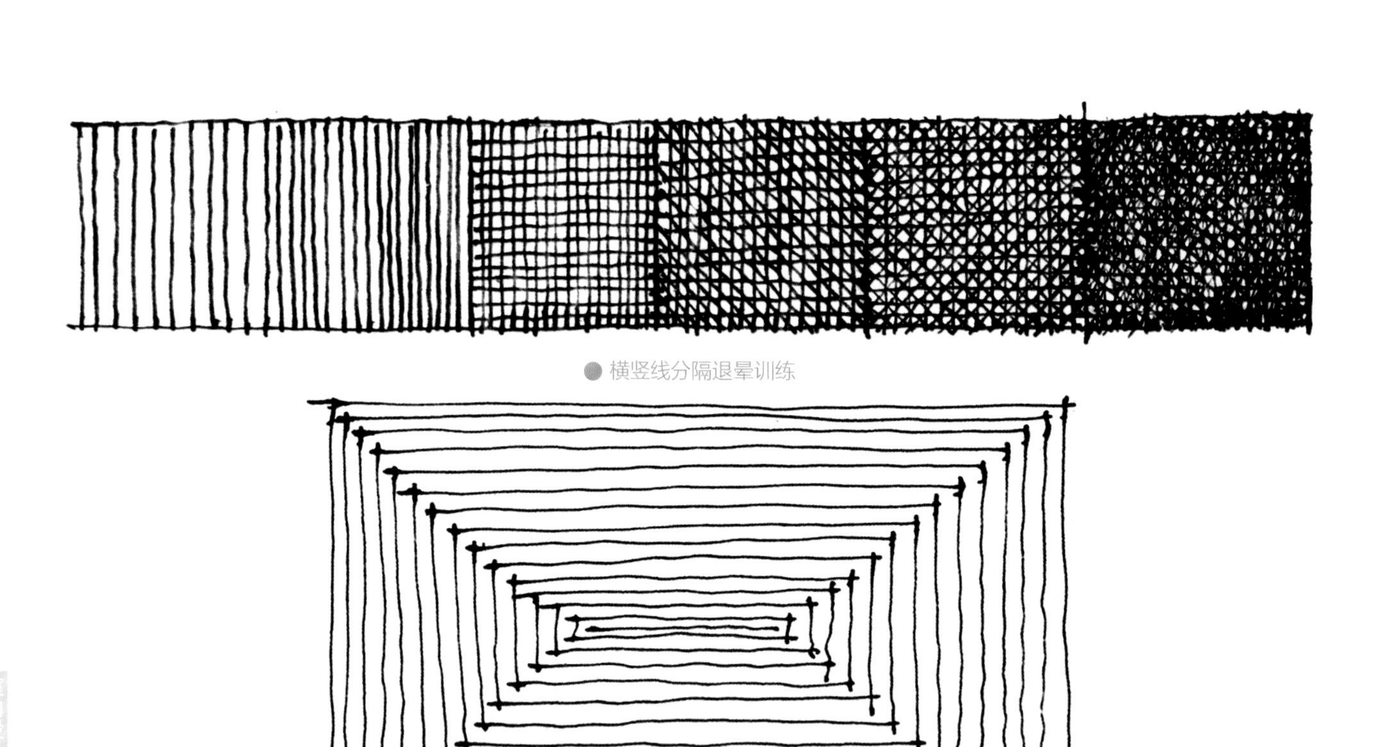

● 横竖线分隔退晕训练

● 线条回形训练

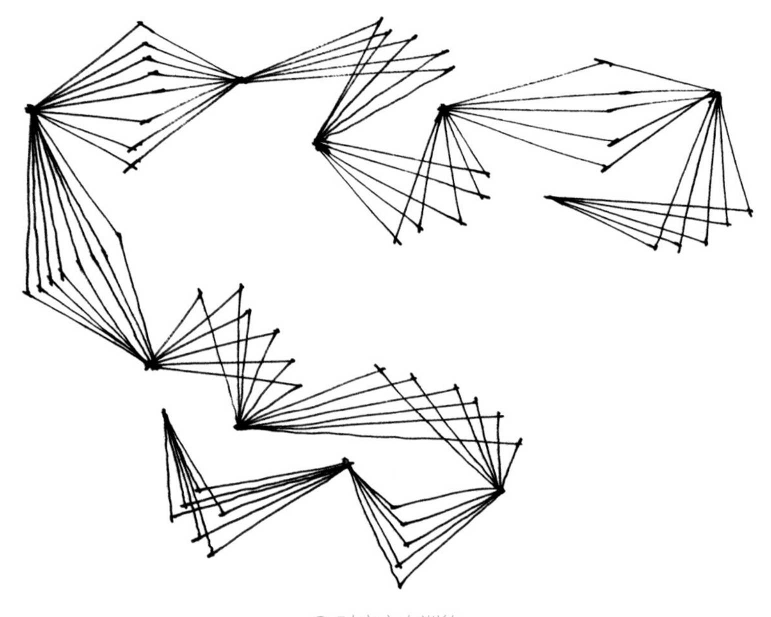

● 对应交点训练

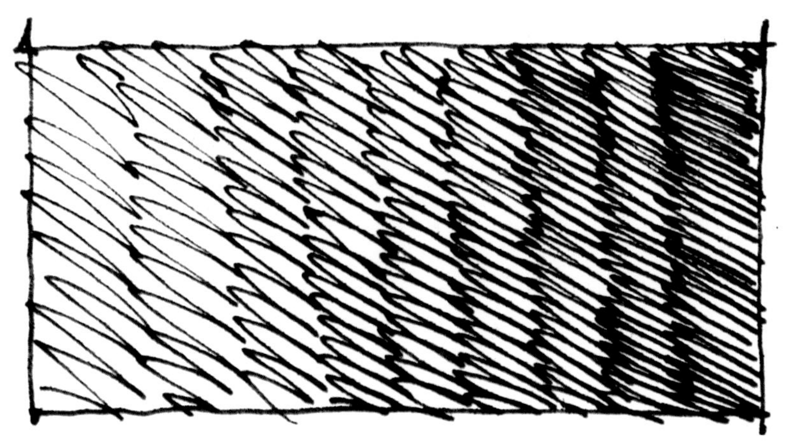

● 特殊线训练

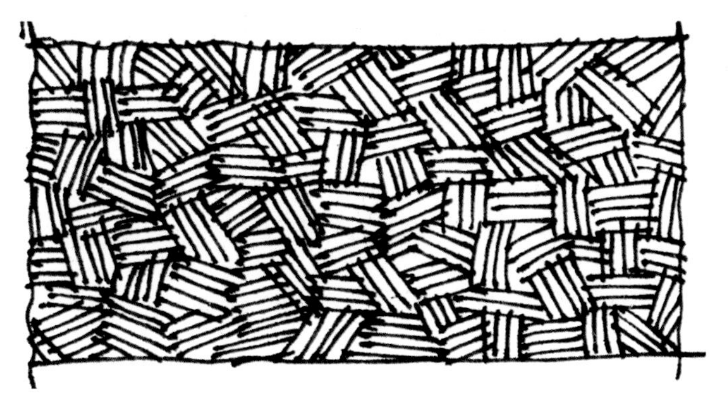

● 特殊线训练

2.2.3.2 图形组合训练

前面我们对单一的线条进行了分析和讲解，在明确画法之后，我们需要进一步加强对线条的训练，即需要我们的大脑加入分析和组织，创造出较有难度的二维图形组合，这样做的目的是把线条运用在图形中，体现“形态”概念，同时也逐渐为后面的设计空间打下基础，慢慢地寻找设计过程中所谓的“感觉”。

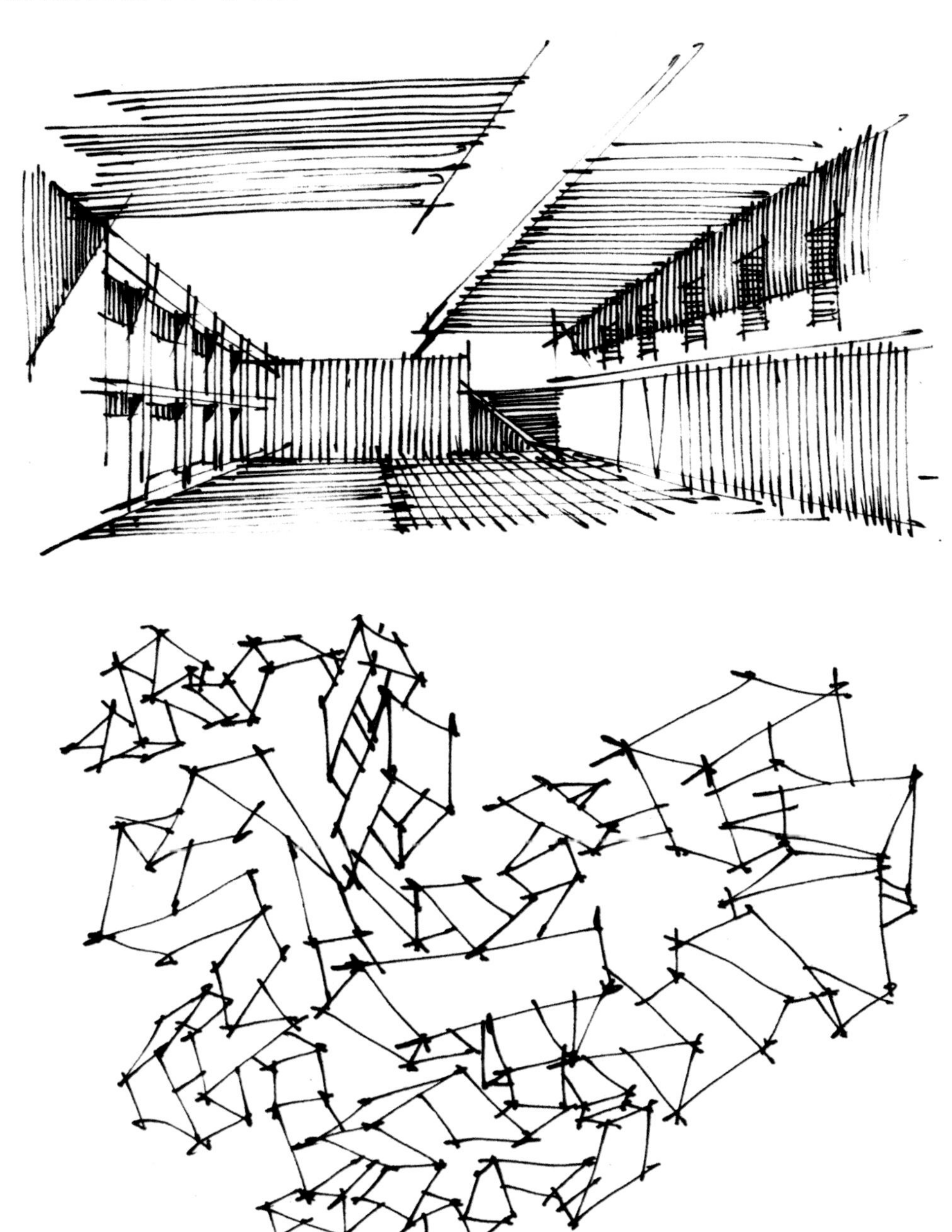

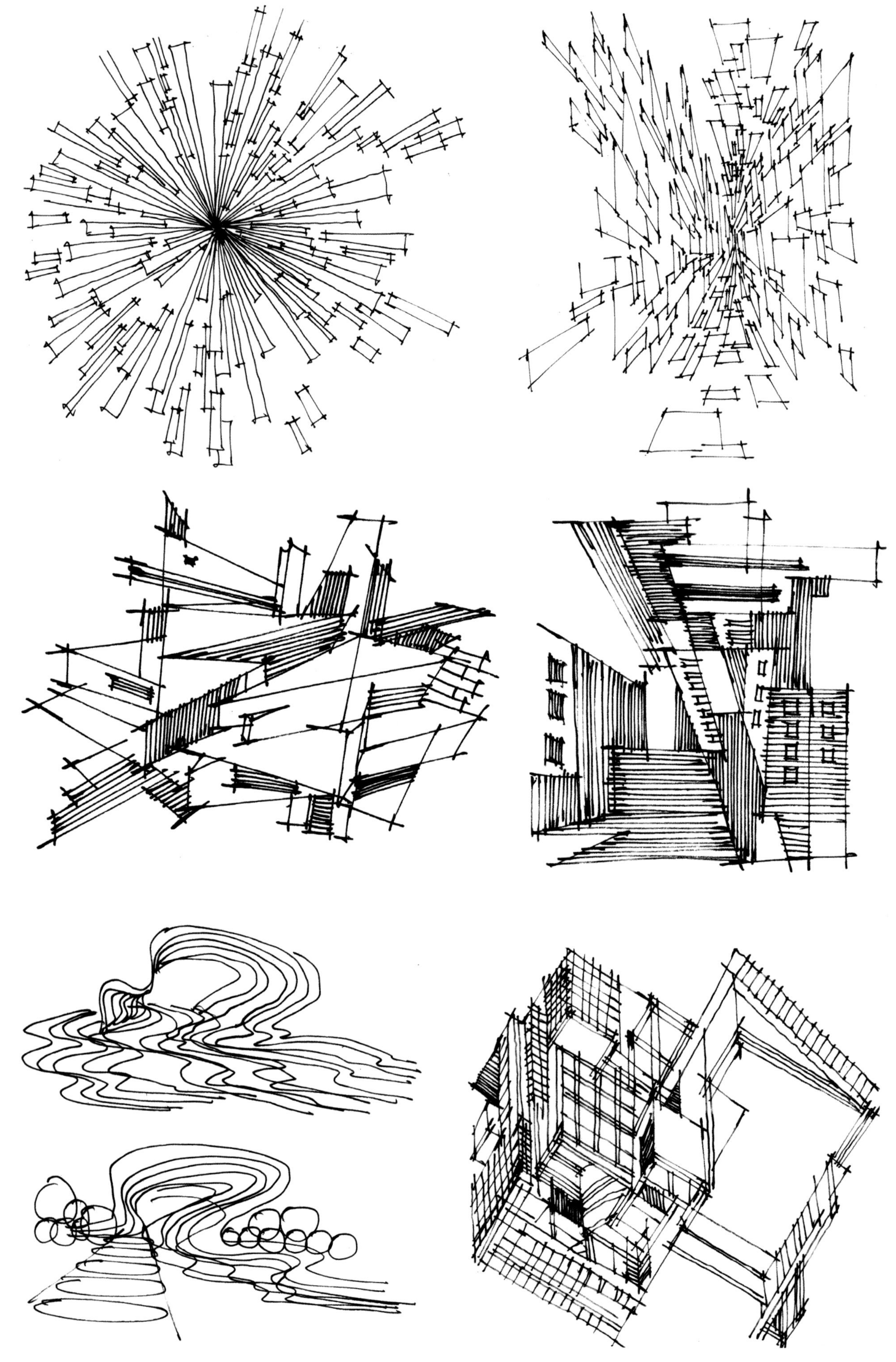

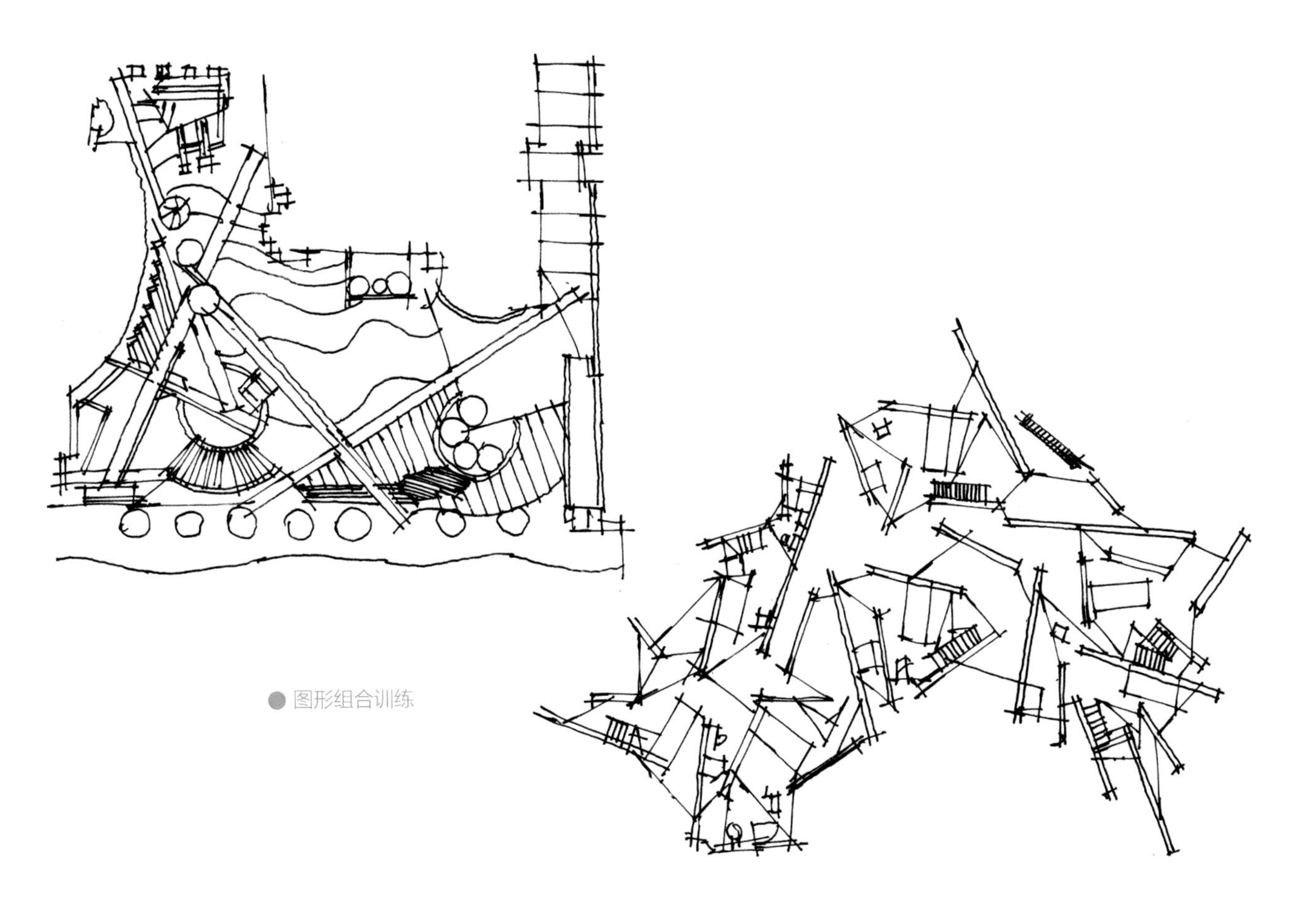

● 图形组合训练

通过以上图例可以看出，学会从一些平面、立面去提取元素进行创作，可以充分锻炼线条的控制能力，把握整体图形的均衡，以及设计初期的一些构成组织感，提高自己的快速创作能力，为后期的空间设计打下基础。

2.2.3.3 结合形体训练

这种训练就是把线条有机地组合起来，成为“形体”。例如，我们身边随处可见的物体、景物和照片等，都可以拿来用于自由的训练。

TIPS

这里要记住，训练过程中要强调“形态”意识，抓住大感觉、大体块，不要过分追求“写实”效果。我们的目的是合理地运用线条概括形体，而不是去做“照相机”。

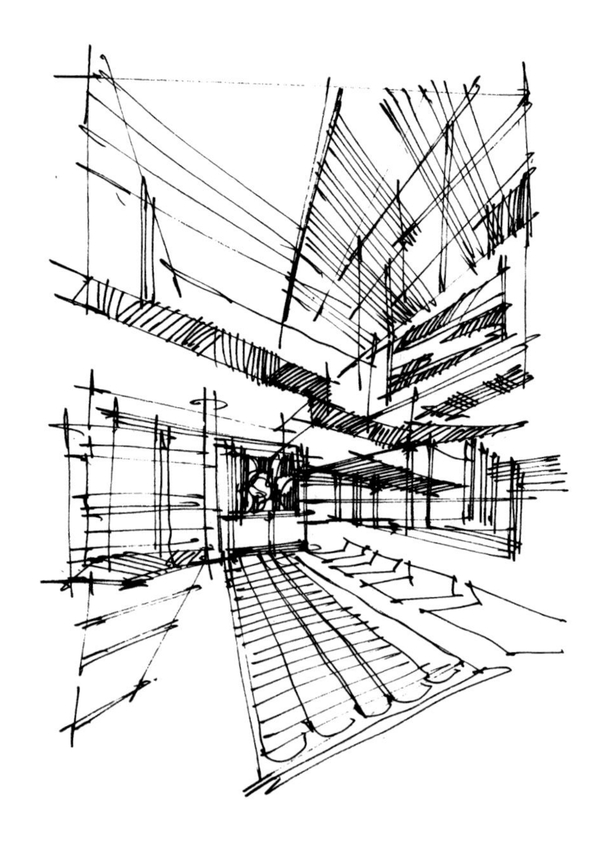

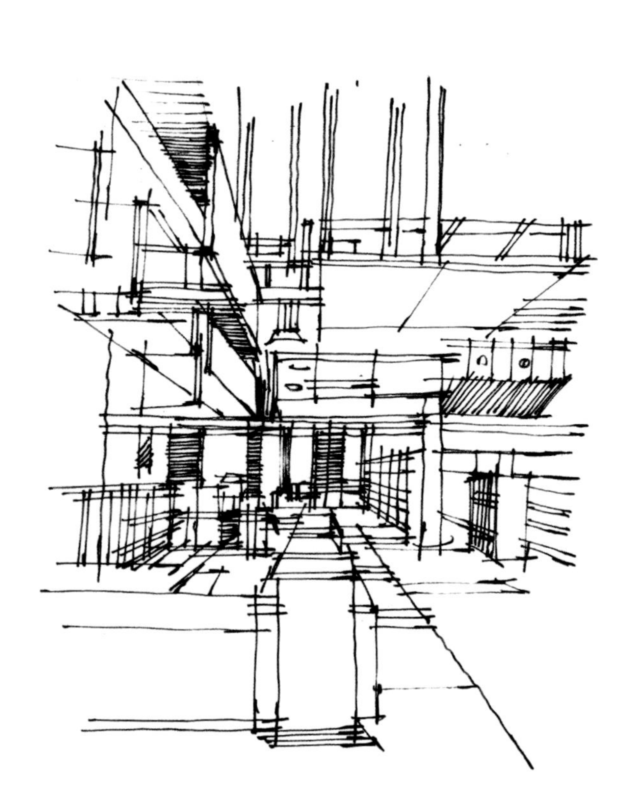

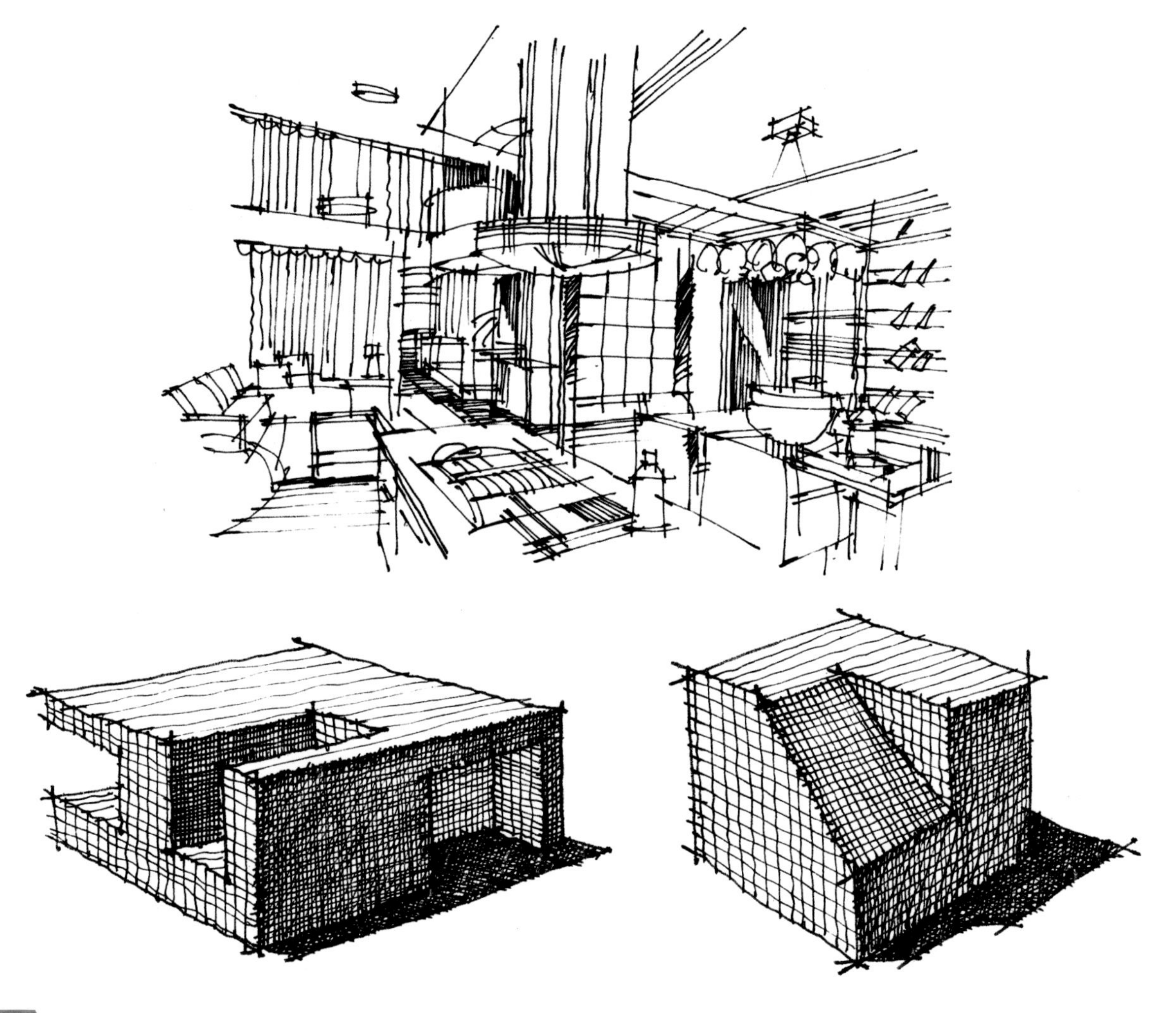

TIPS

在画得时候首先要观察，抓住物体的形态规律，不要盲目地拿来就画，要“多思考、少动笔”。要从最初看见的角度出发，逐渐演变成对全局的、多角度的把握。这个过程不是靠几天时间就能练出效果的，需要长期的、持之以恒的训练。

练习线条的初期是比较痛苦的，甚至是枯燥的，由于短期内看不到成果，因此很多人都会半途而废。在这里提醒大家一定要持之以恒，挺过这个困难时期，你就一定能够画好线条。

2.3 明暗关系的处理方法

明暗关系包括明暗、退晕和阴影3部分内容。

在手绘表达中光有线框概念是不够的，必须要加入明暗才能让空间显得更加真实。清晰明确的明暗处理不仅能为方案锦上添花，还有助于设计师有效预测方案的实际效果，避免与团队交流或与甲方沟通时出现效果不佳的情况，从而提高工作效率。

2.3.1 室内空间的明暗关系

2.3.1.1 明确明暗关系

在表达室内空间时，光源一般以灯光为主，大部分的灯具都设置在天花板上，因此空间的亮面基本上来自物体的水平面（也就是顶面），而灰面和暗面被定义在物体的两个立面上。

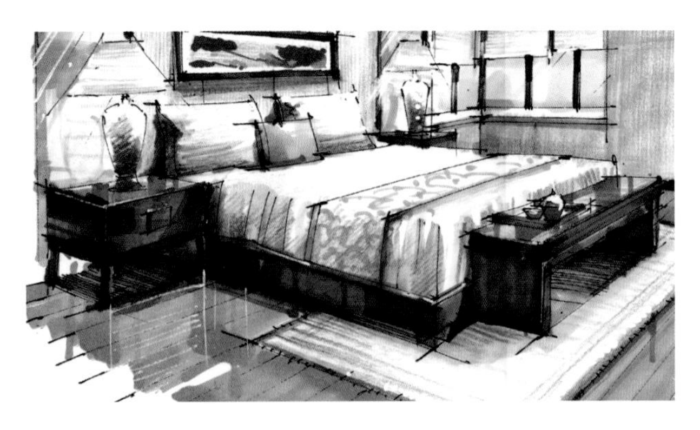

● 由于物体的受光面都在顶面，因此顶面基本都保持留白，侧面位置会处理得较重。

TIPS

需要注意的是在明暗关系的训练中切勿画侧光和逆光的效果，这样容易让人产生错觉，并且空间会显得昏暗，影响方案效果。

2.3.1.2 明暗退晕

虽然暗面一般都被概念的表达，但是要明确的是暗面也有空间和对比，因此需要做好暗面的退晕变化。

所谓退晕，其实就是渐变。暗部的调子不能完全是一个重度，那样看不出空间感，在处理时要抓住物体的明暗交界线处，使其处理最暗，然后排线时逐渐过渡，由暗变灰，完成退晕效果。

另外一点要提到的就是阴影退晕，靠近物体边缘的位置是最重的，远离物体的位置重度较弱，我们可以根据相互映衬的原则进行退晕表达。

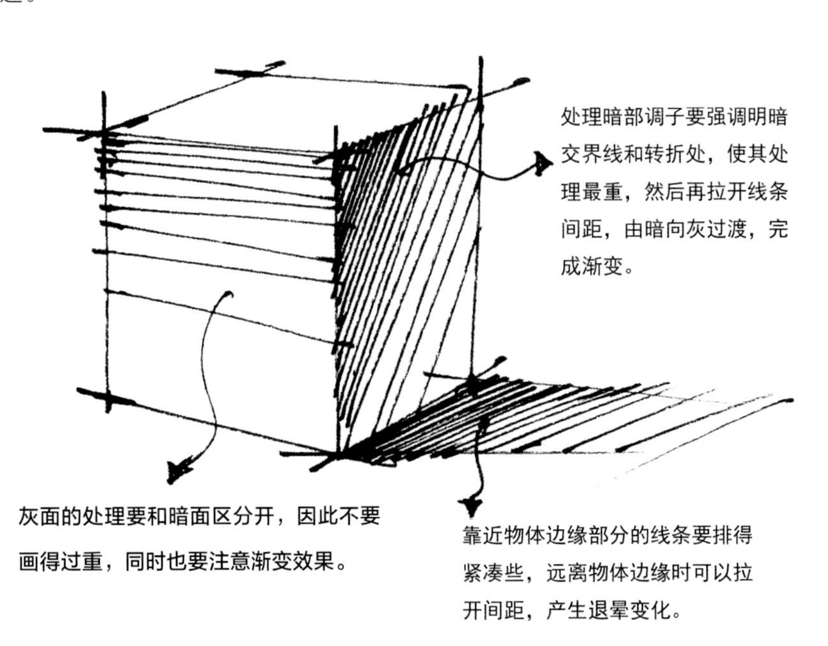

2.3.2 明暗阴影的排线方式

不同的工具有不同的排线手法。马克笔的排线需要做好笔触的宽窄变化和过渡。

铅笔的排线

需要掌握好用笔的力度，让线条呈现深、浅、粗、细的变化。

绘图笔的排线

要根据线条的疏密来体现明暗层次关系。

手绘中的排线实际上是简化了的单层次或双层次效果，而非细腻叠加的多层次效果。因为设计工作中大脑的思路很快，如果手停留在某一个环节中细磨，就会和大脑的思路脱节，失去全局的控制能力。因此，越简单的排线方式，越能体现出快速表现的魅力，提高工作效率。

● 会所中庭表现图 作者：李磊

2.3.3 空间阴影的处理方法

只要有光线就会产生阴影，这是人人皆知的常识。那么在手绘表现中，我们需要客观地反映空间物体的阴影，当然，这也是需要概括和归纳的，即所谓的模式阴影。

模式阴影实际上就是经过总结归纳出来的一些常见体块模式的阴影，并直接表达在图纸上，避免因大量求阴影的工作影响思路和效率。在这里我们总结出几种常见的空间阴影为大家讲解。

2.3.3.1 地面阴影

地面阴影一般是表现家具底部投放到地面上的阴影。在处理时我们要秉承着一个原则，就是概括阴影边缘线。例如，一个方形的茶几，不管它的立面是什么形态，有多少装饰，在表现其地面阴影时，只需概括成方形就可以了。

TIPS

阴影的排线可以根据形体的透视进行排列，也可以用竖线条排列，无论怎么选择，都要注意线条要排列整齐，和边线相交。

● 阴影的竖向排列。

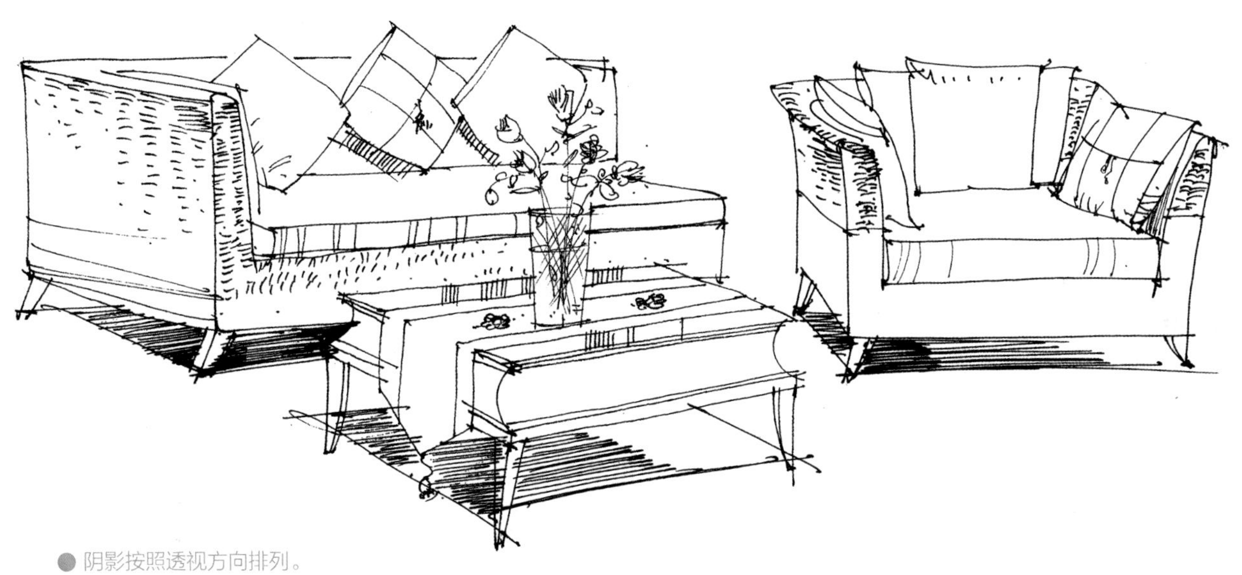

● 阴影按照透视方向排列。

圆形物体的阴影轮廓要概括成圆形，但是内部的调子可以选择横线和竖线排列，不要画成圆线，否则会显得凌乱。

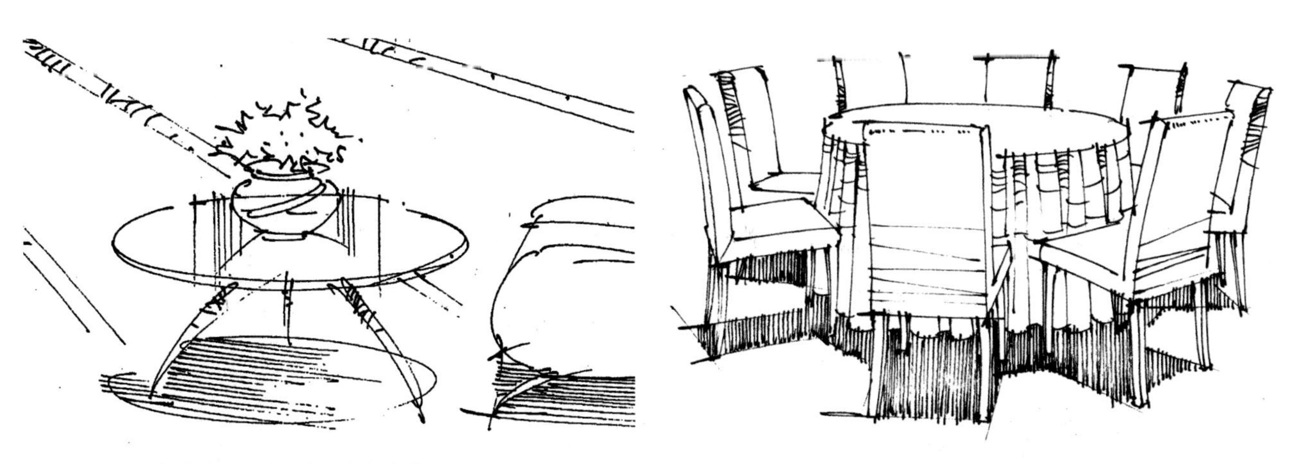

● 圆形物体的阴影选择横向式竖向排列。

● 较长形体的地面阴影在排线时要注意由远及近的疏密关系，体现自然的过渡变化。

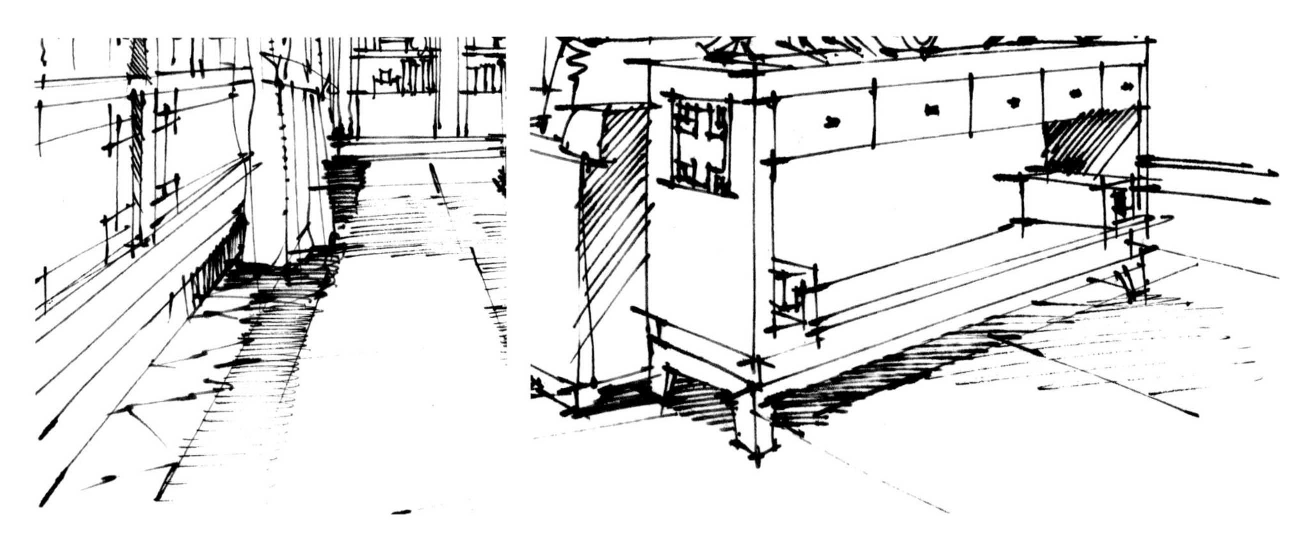

● 阴影的疏密变化也能够强调空间效果。

空间中地面阴影的排线方向要保持统一，不能各种方向都有，那样会显得很杂乱。

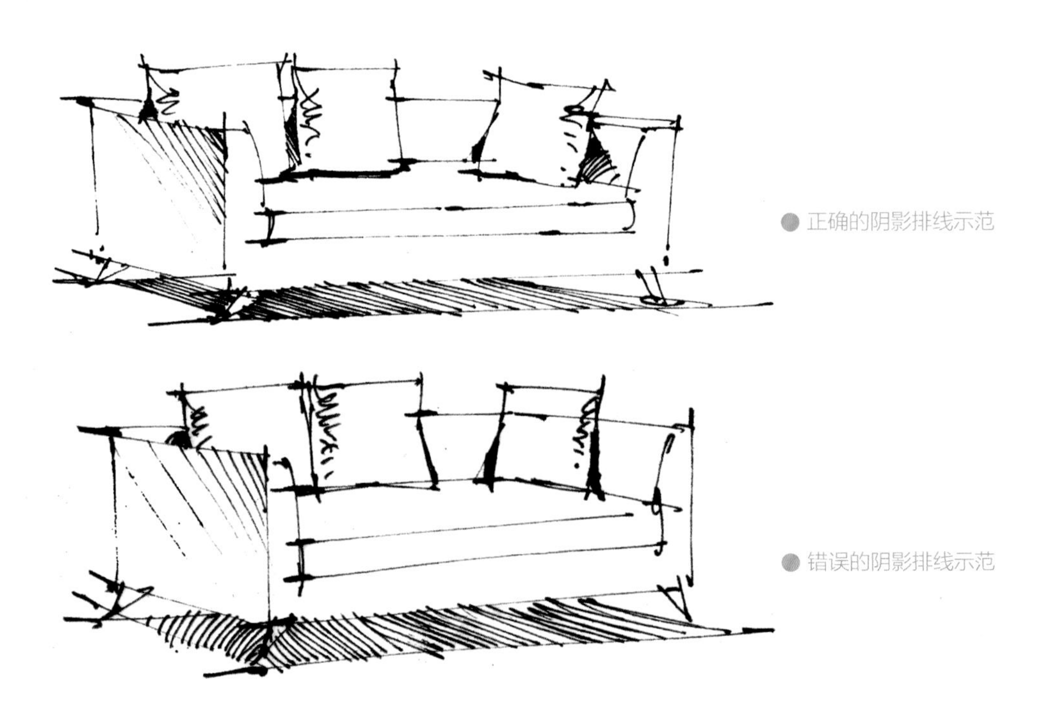

● 正确的阴影排线示范

● 错误的阴影排线示范

2.3.3.2 墙面阴影

墙面阴影和地面阴影的处理方式大致相同，排线的方式可以选择横排线、竖排线和斜排线。在这里需要强调的一点是：如果墙面阴影和地面阴影衔接在一起，就需要用线条的不同方向来进行区分，否则就会给看图者造成误导。

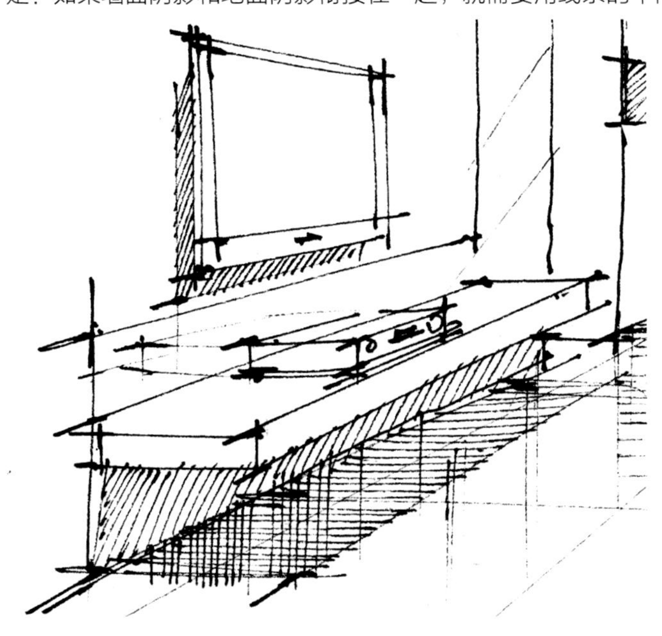

● 墙面阴影和地面阴影衔接时要有所区分。

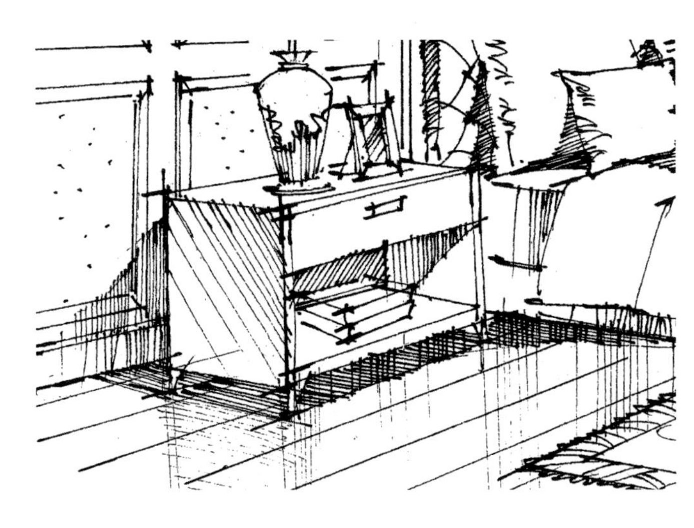

● 排阴影线时注意边缘线要清晰整齐，方向要统一。

● 阴影的边线可以按照形体的形态去勾勒，排线时要整齐并衬托出物体。

● 体现阴影转折时要区分轻重，明确转折关系。

2.3.3.3 灯光阴影

灯光阴影其实就是表现离墙面近一些的阴影，因为光源投射到墙体上能产生明显的光晕效果，而远离墙面的灯光一般是不需要体现出来的。例如，一个筒灯被安装在靠近墙体的吊顶上，其光晕投射到墙面时产生明显的光晕，为体现这一阴影效果，则需要我们进行刻画。相同的例子还有台灯、壁灯和暗藏灯等。

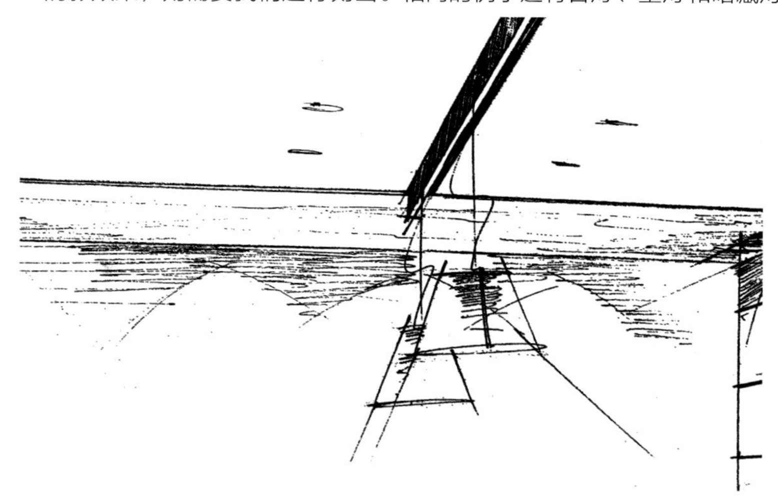

● 灯光阴影处理时注意要用虚线来排列，与结构线区分开。

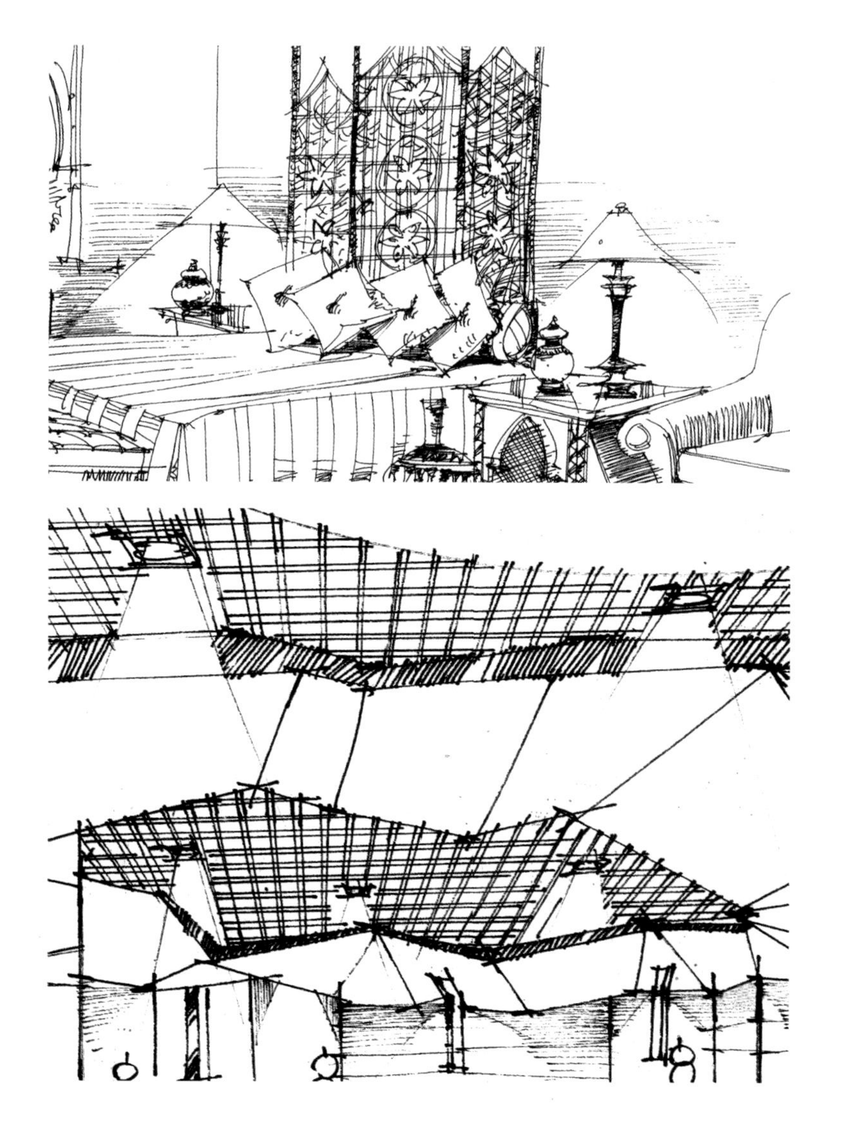

● 受光部分留白，背光部分排线，利用明暗对比来体现光源效果。

通过上面的例子我们可以看出，在刻画灯光阴影时要用虚线处理，因为光晕本身就是虚体形态，这和其他的阴影处理是有所区别的。同时还要有明显的退晕变化，这点可利用线条的疏密来体现。

2.3.3.4 物体转折面

在空间中物体体块叠加较多而不易分清转折关系的时候，可以选择加重暗部调子来进行区分， 这样能清楚地看清物体的块面关系。

在排线时要注意强调形体的明暗交界线和转折部位，然后线条逐渐过渡，体现层次感。刻画转折面并不是一味地强调暗部效果，有时候为了区分物体的叠加关系，也会有意地进行区分。

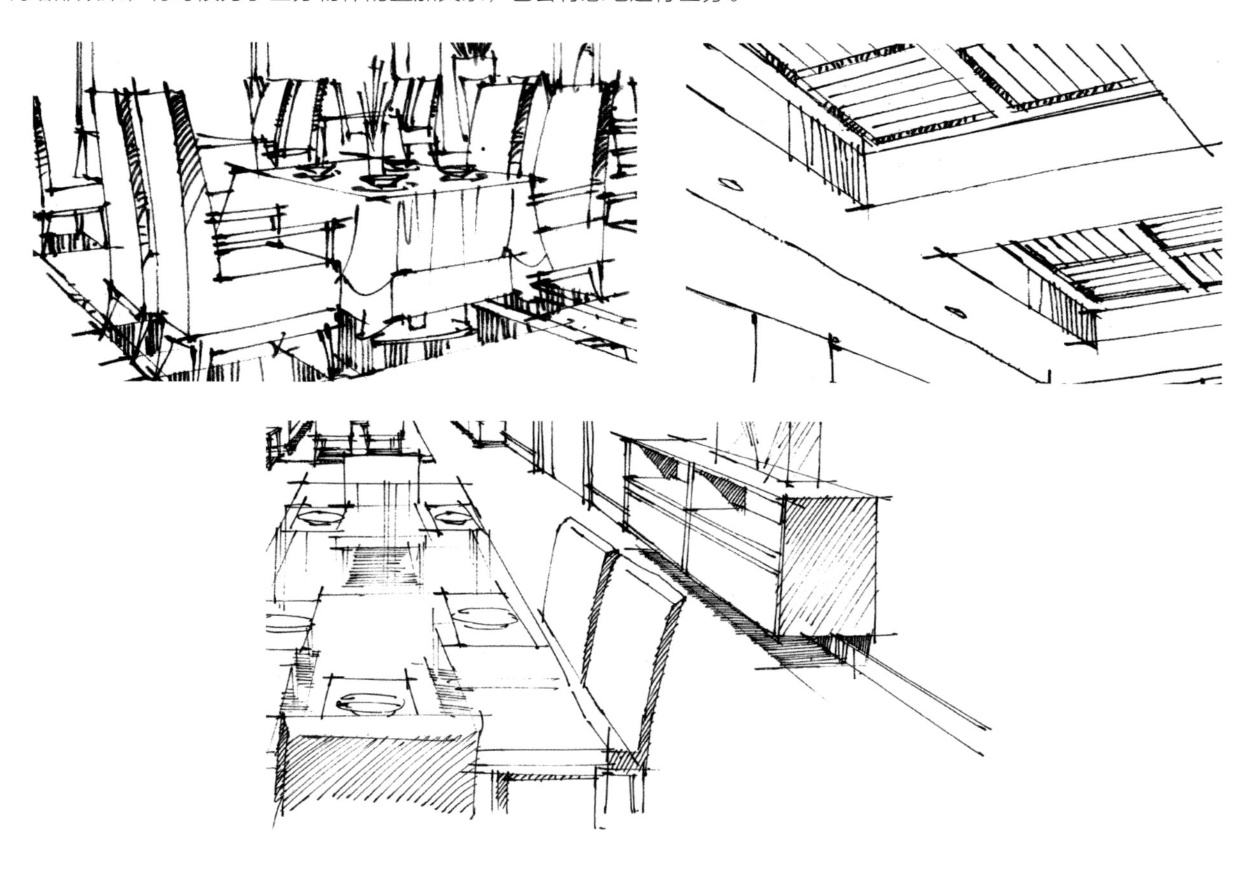

2.3.3.5 反射阴影

反射阴影用来体现光滑材质的倒影效果，如地板、抛光砖等。其绘制手法也是用虚线来体现的，因为它同样属于虚体形态。

● 效果图中的地板反射效果是虚体的形态。

在画反射阴影时要注意，不管实物是什么形状，在表现反射时全部都用竖线概括，然后在竖线的中间进行横线排列，强化反射效果。

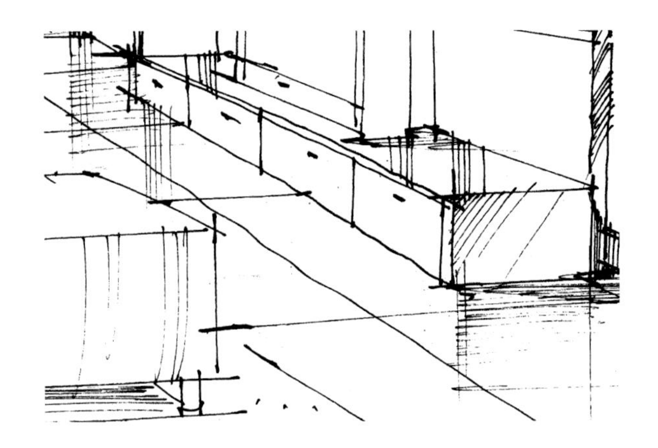

地面反射

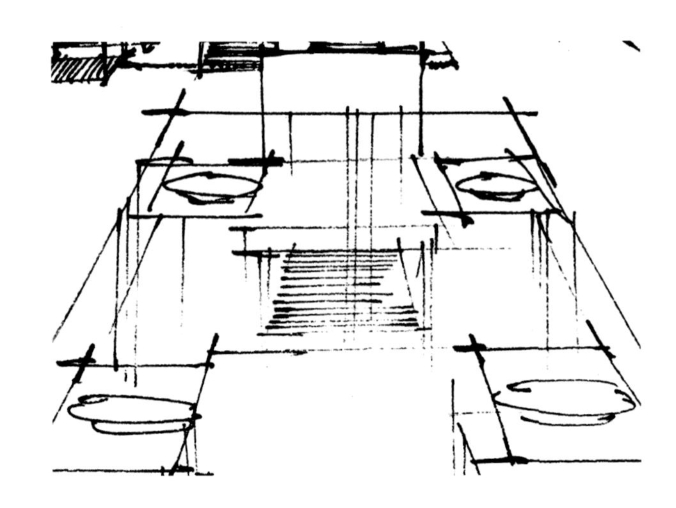

抛光材质和玻璃材质反射

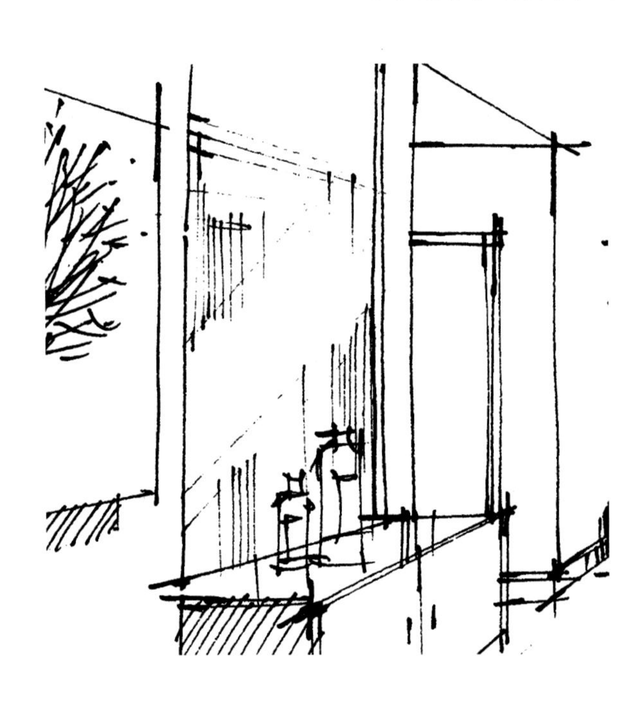

镜面反射

2.3.4 阴影的取舍方法

前面的章节我们介绍了空间阴影的处理方法，相信大家也能够自如地表达了。但是还需注意，如果我们每个空间部位都去刻画阴影的话，就会拉长工作时间，导致画面效果事倍功半，也影响了后期着色。

那么怎样有效地进行阴影取舍是我们需要研究的一个新课题。首先要抓住空间设计的重点部位进行刻画，那些次要部位或者远处的物体阴影就可以舍掉了，这样能有效地分出画面主次，突出设计部分，强化空间感。没有被刻画的部位不代表实际上没有阴影，只是为了大局做了“自我牺牲”。

2.4 把握形体的训练方法

形体，一直令很多初学者感到困扰和恐惧，在画的过程中始终把握不好形体，甚至有人会认为形体准是因为有很高的感觉天赋，靠训练很难快速掌握这种能力。其实不然，抓形与把握线条等技法一样，是可以通过训练提高的，关键是要掌握好方法，因此在本节中为大家总结了以下3种基本方法。

2.4.1 几何形体抓形法

几何抓形法是形体训练中最简单易懂的方法之一，熟练掌握了这种技巧，自然就会形成良好的形体感觉，感觉不是天生的而是靠大量的训练形成的。

从字面意义上其实不难理解，几何抓形法就是将较复杂的物体概括成基本的几何体，在纸上首先画出这个形体的几何形态，然后运用辅助线进行切割，形成多个小的几何体，最后深化完成形体细节。

● 利用几何形态来概括室内空间。

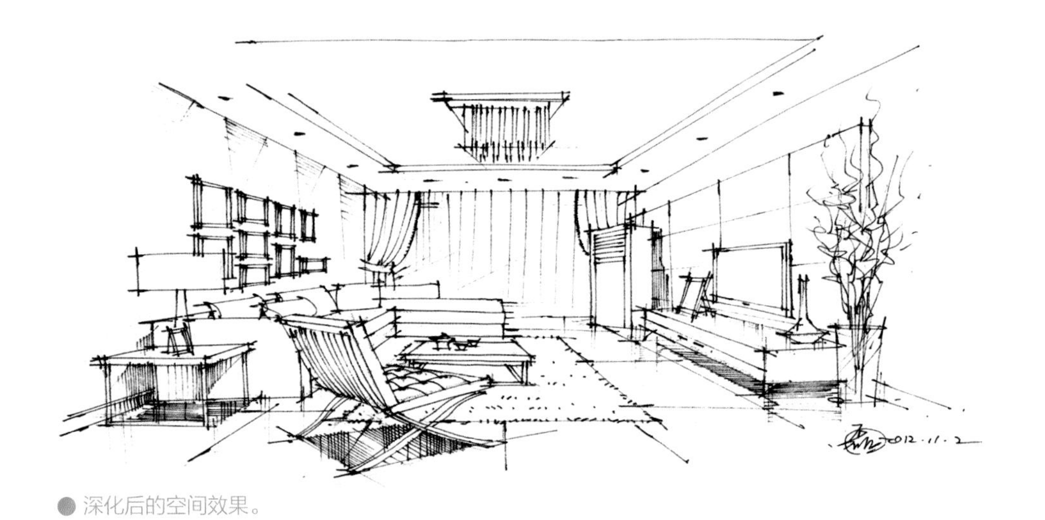

深化后的空间效果。

例如，我们画沙发，首先要了解它的基本形态和构造，然后概括成几个几何体块，待其完成后，从这个集合框架中再去进行细节描绘，就会方便许多。

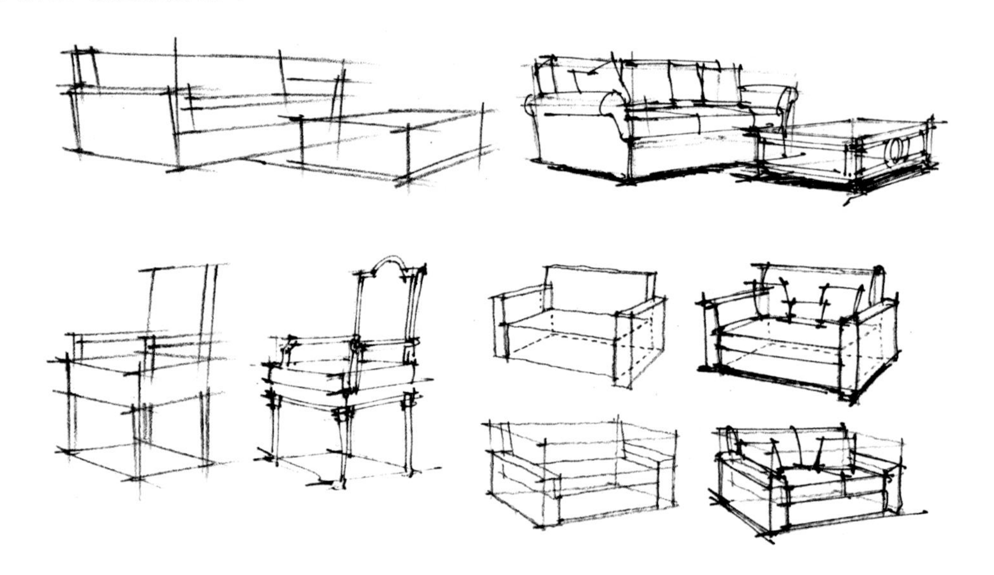

再例如，画一辆汽车，汽车的细节构造很多，初学者最容易掉入局部刻画中，这时我们要注意整体观察，了解汽车车身的构造，找出和分析它的几何形态，然后概括画出，最后进行细节刻画。

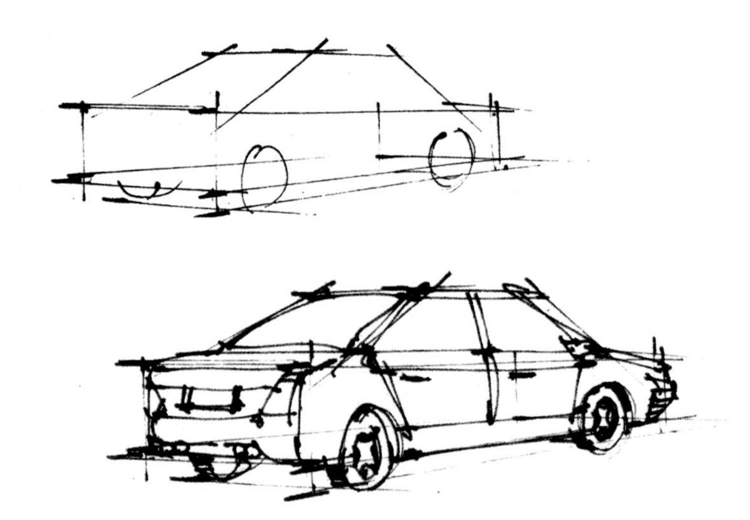

通过以上理解加上大量的训练，相信大家能够明白怎样去整体抓形。我们可以利用身边不同的物品进行练习，争取达到一定的效果。

2.4.2 结构推形法

结构推形法实际上是按照物体的生成规律进行“透明”抓形。复杂的形体或者有前后遮挡的物体组合，往往利用结构推形法才能把形找准。在绘制时首先把前后物体“透明出来”，然后根据遮挡情况整理物体的轮廓，最后利用较重的线条进行深入。这样做的好处是避免被遮挡物体不出现错位和对不上结构的现象。

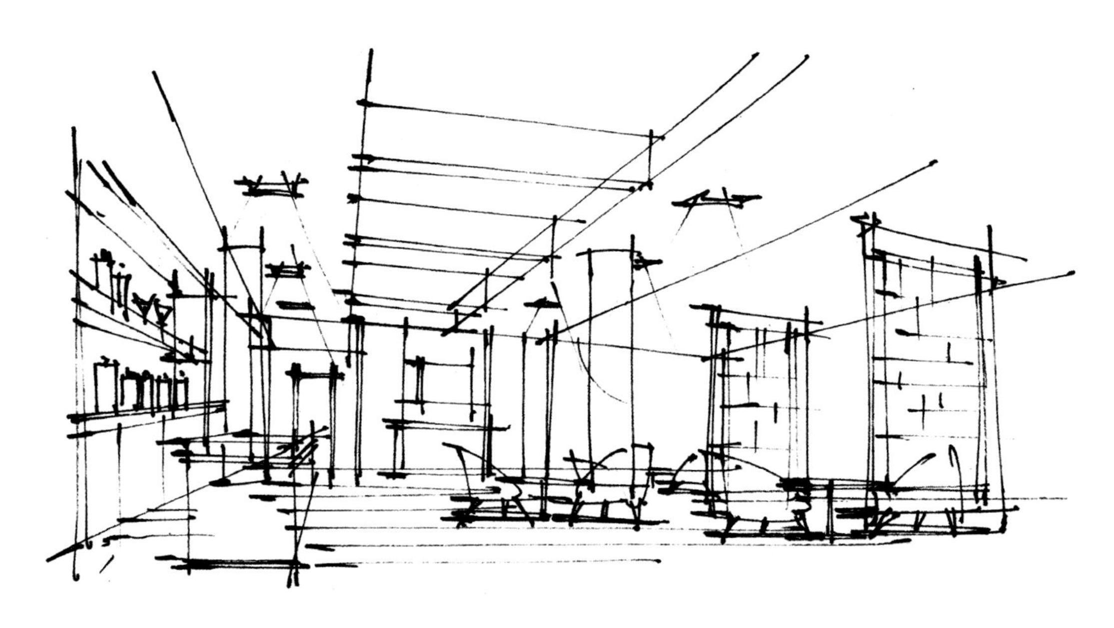

● 利用结构推形法概括的室内空间。

TIPS

在绘制时可以利用硬铅笔（2H）浅浅地打出“透明”形态，待其画好之后，再用绘图笔逐步深入。深入时也不必担心那些被遮挡的结构线会影响画面效果，因为随着笔触的加重，原先的浅线条会很快成为衬托笔触，能够使画面显得更有趣味。

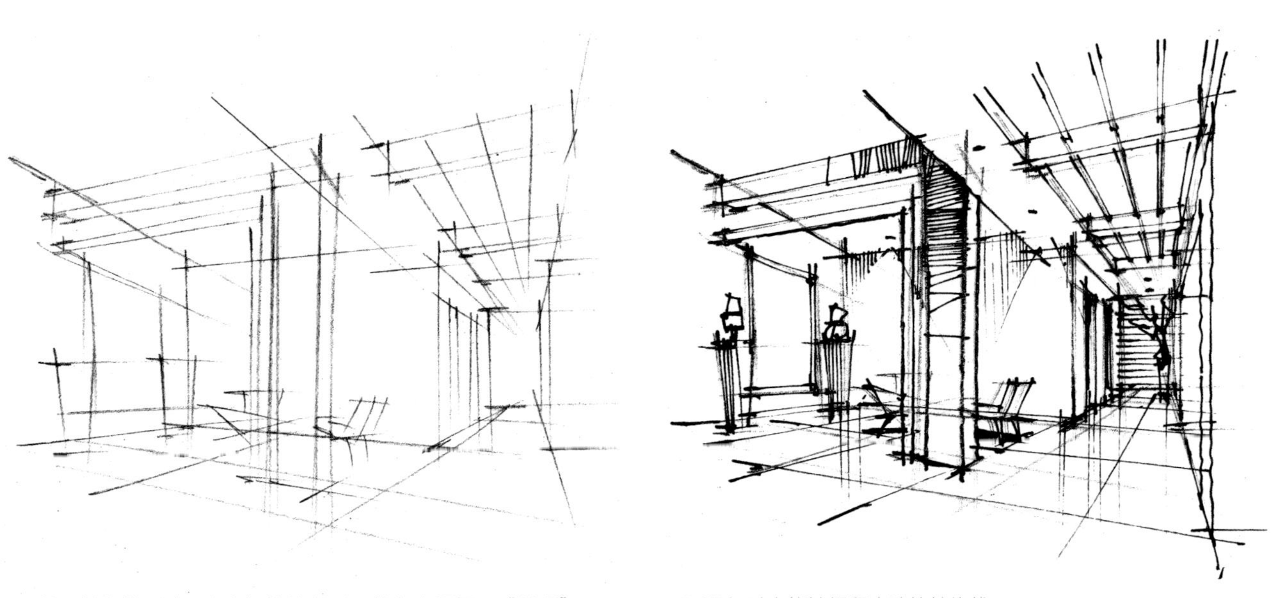

● 按照结构推形法画出空间结构关系，线条之间相互“透明”。　● 深入时也能够保留底稿的结构线。

2.4.3 取舍抓形法

取舍抓形法实际上是说明在抓形的过程中抓“大”放“小”，即抓住整体轮廓和大的结构关系，舍弃不必要的小细节。其绘制效果并不是事无巨细地处处刻画到位，而是提炼大的特征进行抓形，达到精简、干练的效果。

● 本图着重突出空间梁柱的结构关系和办公家具的风格，并准确地表达了空间的尺度关系。

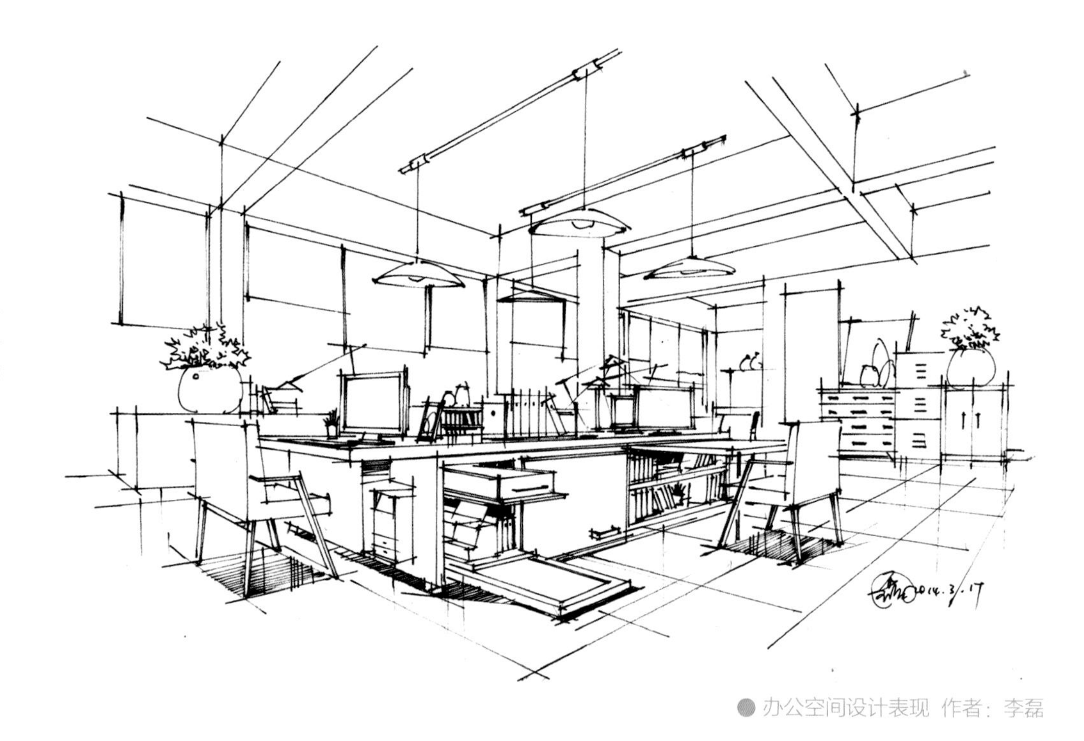

● 办公空间设计表现 作者：李磊

另一个含义是重点刻画空间中的设计重点或者视觉中心点，次要的部分大幅度省略，以此形成鲜明的对比，强化主次关系。

● 这张建筑作品的视觉中心区域被刻画得很细致，明暗对比强烈，造型严谨。与其相比，两侧的建筑和远景建筑则被概括简化，目的是为了突出主体建筑，形成主次关系。

● 欧洲建筑表现 作者：李磊

第3章 室内手绘透视技法

透视是空间表达的一项重要基本功，很多学生在画手绘时都会出现透视不准确的现象，原因是他们从来没有花大量的时间去训练这种能力。为此，在我们的教学过程中会着重培养学生的透视感觉，即首先通过手求透视的方式训练出专业的透视感觉，通过特定的视点、视高、视角和灭点等要素表达出一种特定的空间感。其次通过分析空间表达时最容易疏忽和画错的难点，结合室内外多个例子讲解，培养学生心中有透视的感觉。

3.1 空间透视的基本要素

3.1.1 灭点

空间中与视线不垂直的所有线条，都会与其平行线汇聚到一个点上，而这个点，就是灭点（VP）。当我们站在一条长长的街道上向远方平视时，就会发现，空间中只有水平线和垂直线是没有透视变化的，其余的线条都会与其各自的平行线汇聚到某个点上，也就是灭点。

通过以上分析，大家应该明白了，空间线条只要不与视平线平行或垂直，就会有各自的灭点，不同方向的线条都会消失在不同的灭点上。

3.1.2 视平线

在求透视的时候是离不开视平线的，视平线的高度决定了灭点的高度，不管是一个灭点还是多个灭点，都要统一在一个视平线上。

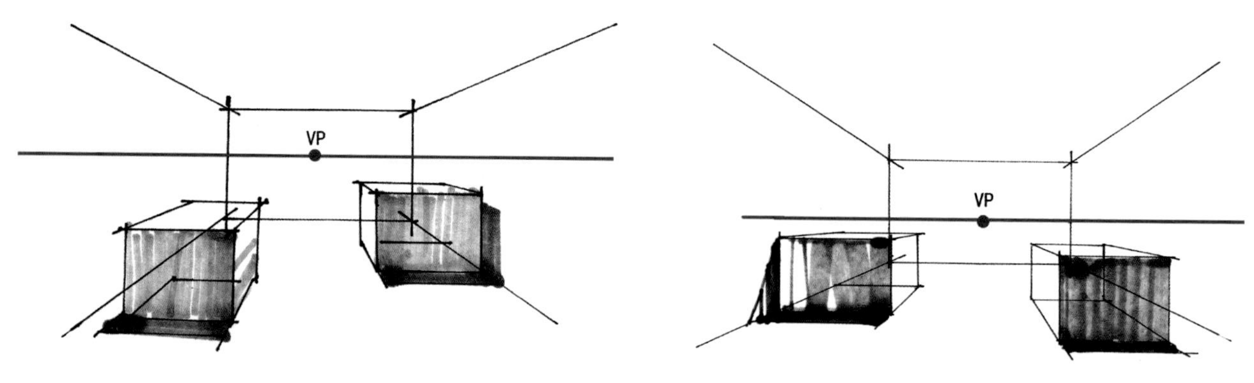

视平线在墙高偏上的位置，灭点也随之偏上。　　**视平线在墙高偏下的位置，灭点也随之偏下。**

视平线高度要和人眼的高度保持一致，通常情况下我们会将视平线的高度定义在1.2m～1.5m，这样会比较符合人视图的视角。

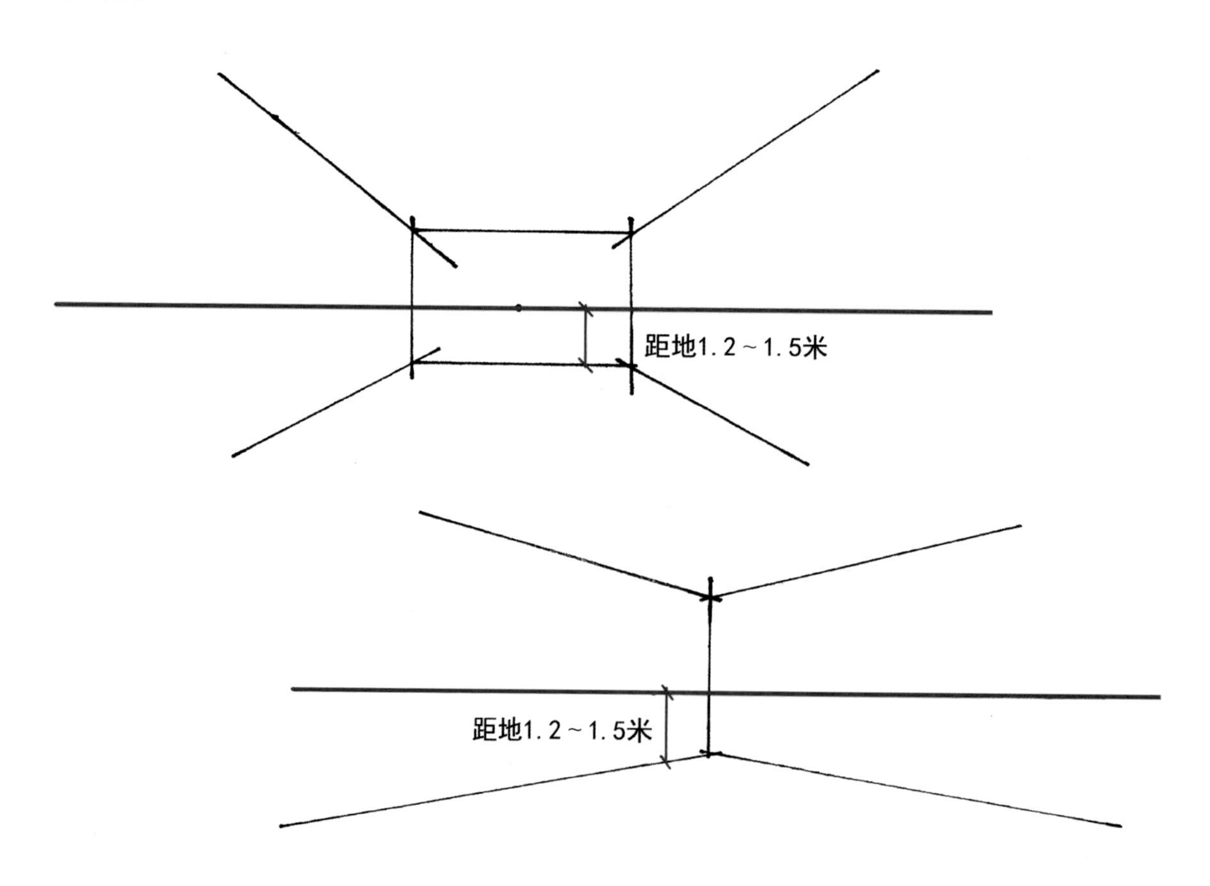

3.1.3 视点

视点也称站点，指的是人在空间中所处的位置，它决定了空间视觉中心的位置、距离远近、正侧面的主次关系和透视有无变形等要素。这些要素也经常会被忽略，导致辛苦的工作成果被浪费，甚至功亏一篑的局面。

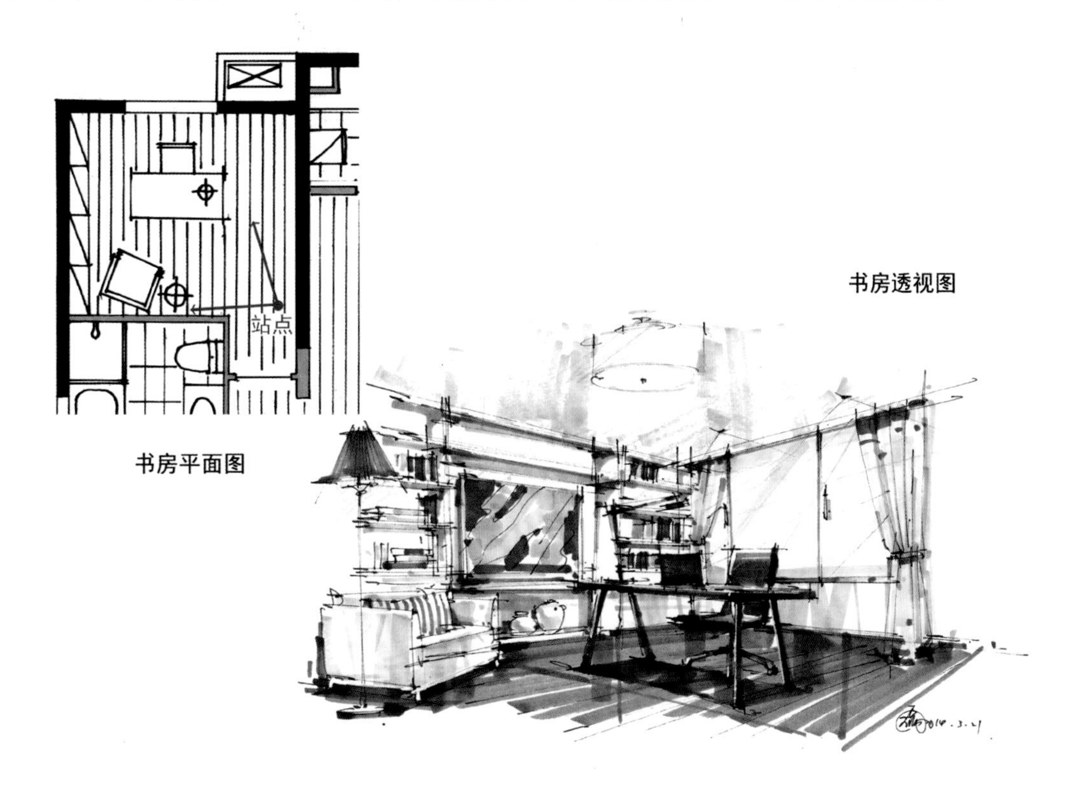

在处理空间时，应该让站点和被表达的目标点保持一段距离，这样能清晰、全面地反映出室内空间的进深效果，哪怕因为在有墙体阻隔而无法向远处推移时，也要主观地把视点移到墙外，形成虚拟视点重新定位，这一方法在效果图中是允许的。

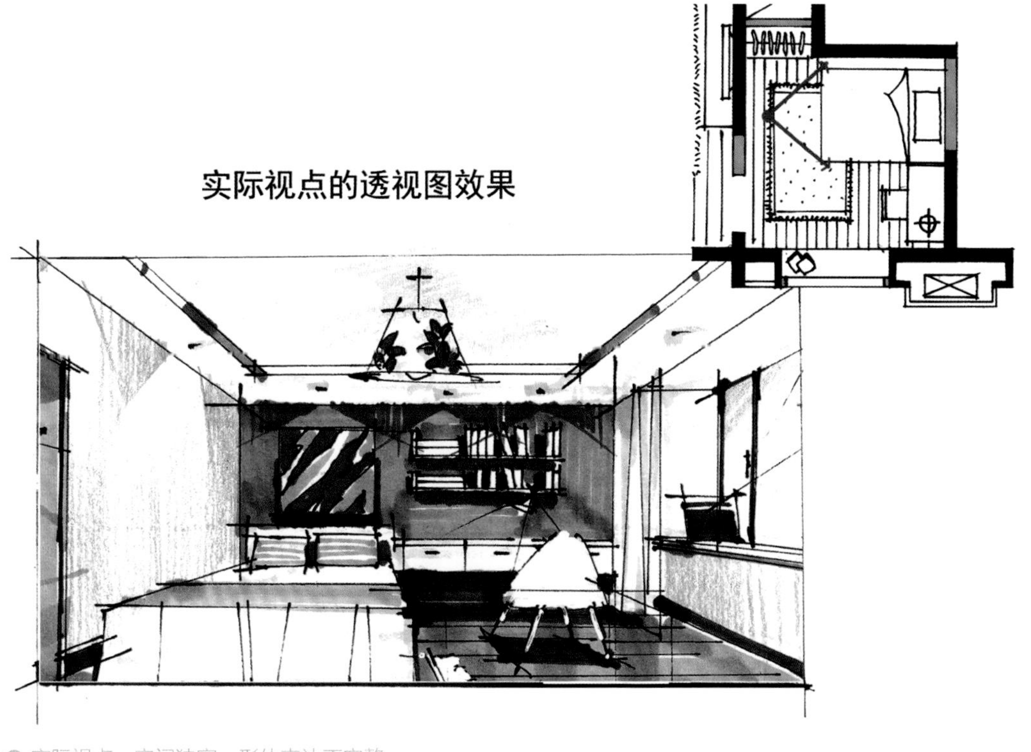

● 实际视点：空间狭窄，形体表达不完整。

虚拟视点的透视图效果

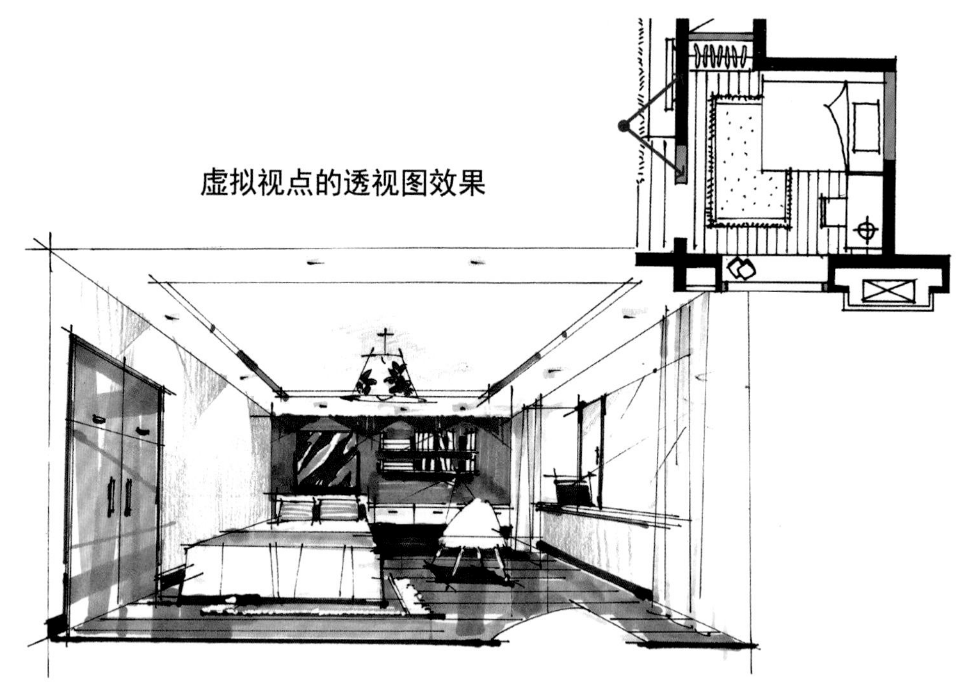

● 虚拟视点：空间进深感强，形体表达完整。

TIPS

这里需要提醒的一点是，视点的选择要尽量“避免巧合”，即不同体块物体的轮廓线重合，或者轮廓线和阴影边缘线重合等，出现这种情况会误导看图的人，视觉上也会很难看。

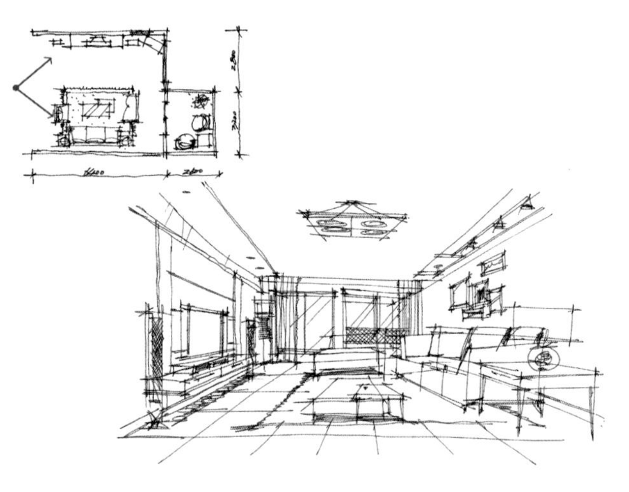

● 视点的定位避开了与形体边线重合的位置，使画面结构表达清晰。

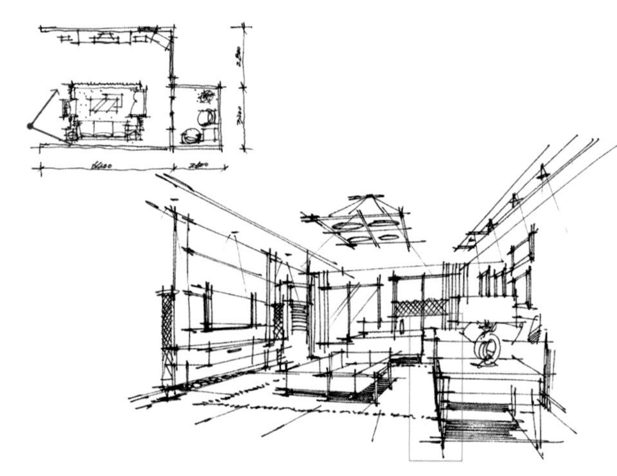

● 视点的定位与家具轮廓线形成“一”字形，造成边线重合，形体难以区分，在绘制时应避免这种现象。

3.1.4 视高

视高指的是在求透视时人眼所在的高度。多数的室内空间，人们习惯于站视和坐视两种角度。对于较高空间的表达，多数会定位成站视，视平线高度在1.5m～1.8m，这种空间包括酒店大堂、公共电梯间和商业空间等。对于稍矮的空间，则会定位成坐视，视平线高度在1.2m～1.5m，这种空间包括办公室、酒店套房和家居空间等。

● 室内中的站视

● 室内中的坐视

● 采用站视还是坐视，主要取决于空间类型和人的通常行为所造成的影响，不能一成不变地使用一种视高，要多做尝试，达到真实场景的效果。

3.2 培养空间透视感觉

由于透视图是设计创作中最重要的结果表达之一，是进行方案交流、互动的重要依据，且训练方法没有捷径，因此大家必须下足工夫才能找到规律。训练具备扎实空间透视斜线的把握能力，对空间中物体轮廓的斜向概念要有正确的认识，注意垂直线、水平线和相交灭点的斜线的综合把握。在此先给大家介绍下怎样凭借感觉来求透视，这是一种快速的表达手法，便于和下面几节“模式透视”的实战方法相配合。

❶ 我们要抓住空间中的视平线、真高线和主要的透视线，以辅助线的形式定位出来。

❷ 根据空间中柱子的位置定位垂直辅助线。辅助线的划分要充分考虑近大远小的透视关系，可以先从地面连接一条辅助线到灭点，这样能很好地控制透视。其他的分割线也同样用此方法划分。

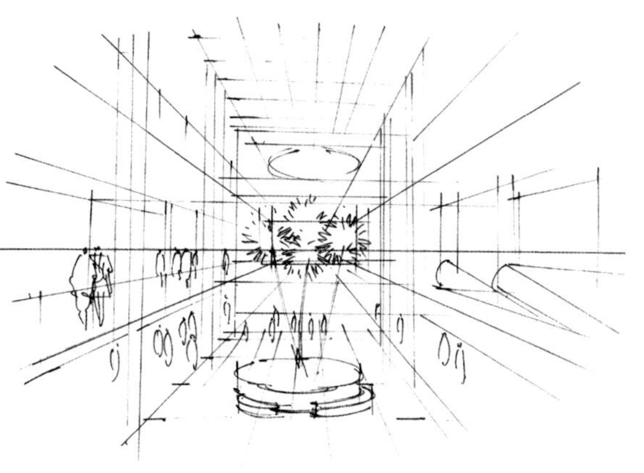

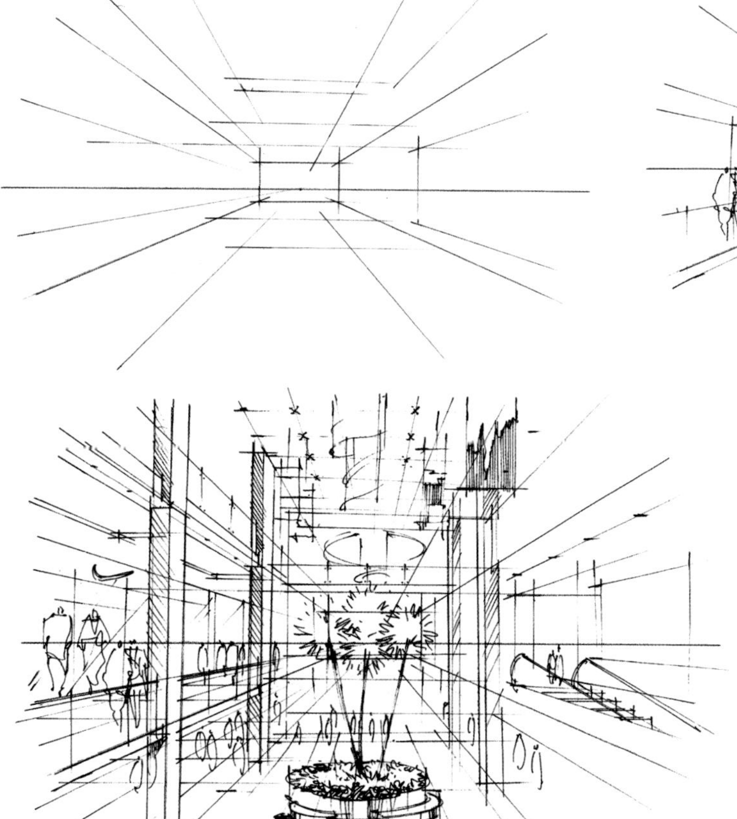

❸ 把真高线上的等分点和空间中造型的辅助线进行深入，深入过程中所画出的透视线要根据辅助线的透视斜度进行比较，以辅助线作为参考线，只要看起来都是向灭点位置汇合的就可以了。

有了这些辅助参考线，在细致刻画形体的时候，就会基本确定透视线的倾斜方向了。

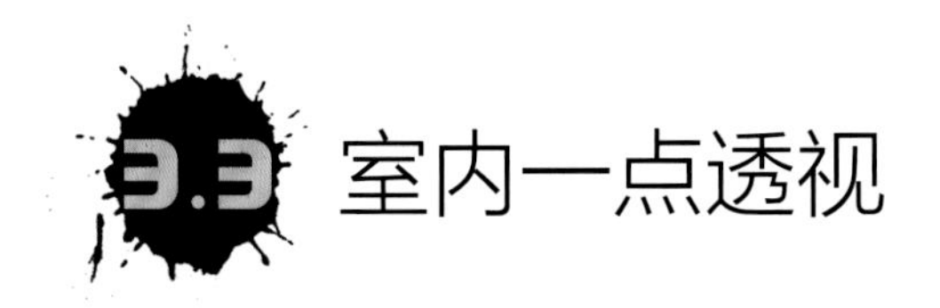

3.3 室内一点透视

3.3.1 一点透视空间概念

一点透视是指空间墙面及所有物体的横线都是水平的，竖线是垂直的，唯有斜线向画面的中心点（灭点）方向消失。其表现视野广阔，空间进深感强，表达相对简单，容易掌握，但画面效果较呆板，缺乏动势。

3.3.2 一点透视画法

在初学阶段比较适合在透视中利用透视网来确定物体的坐标方位，以便确定它的长、宽、高。同时也可以利用网格画法来了解透视的基本规律。下面我们来介绍网格透视法。

❶ 观察平面尺寸：一个长5000mm、宽4000mm、高2700mm的空间。首先确定出基准面（站点正对的墙面）的尺寸比例，然后再根据平面的尺寸定位出墙体的单位尺寸。将CD线段等分成4份，每份为1m的距离，再将AC线段按照尺寸进行分割。

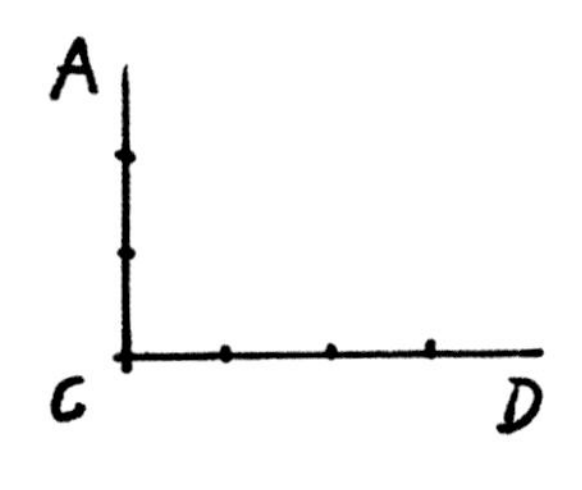

● 按照大多数人的身高来说，实际的视平线应该在1.7m～1.8m。但如果我们在图面上去表达这样高度的视平线，则会出现上紧下松的俯视效果，不利于表达空间的进深感，因此，我们会主观地将视平线降到1.2m～1.5m，这样空间效果就会舒服很多。

❷ 将基准面剩余的线段补充完整，也就是AB和BD两条线段，然后画出视平线（HL）。视平线的位置一般定在1.2m～1.5m。

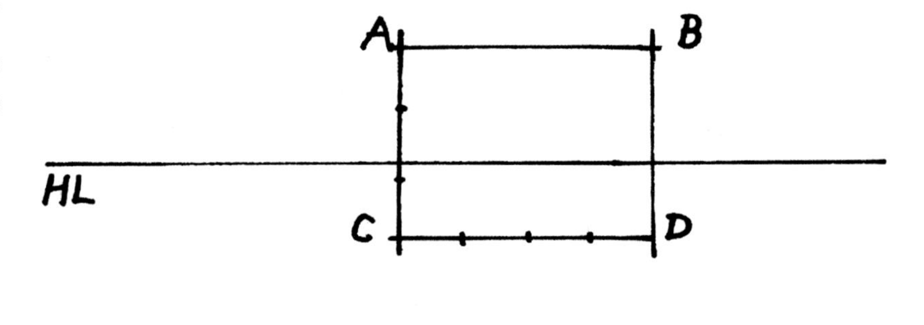

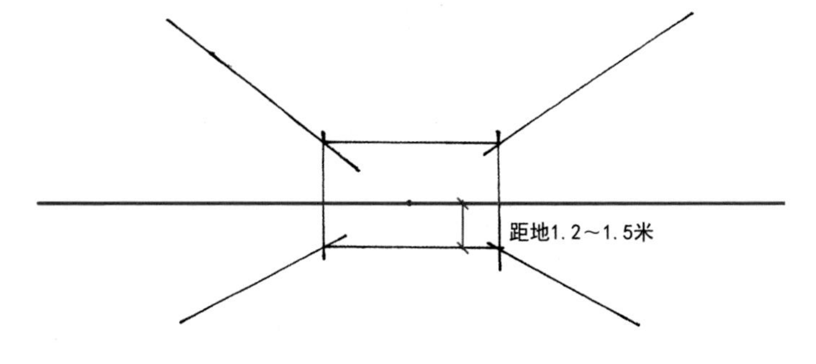

❸ 在视平线上确定灭点（VP）的位置并连接墙面ABCD这4个交点，画出透视线。若站点与其正对的墙面（基准面）保持水平的情况下，无论偏左还是偏右，其效果都属于一点透视范畴，也就是说灭点定在ab中任意一点都可以。一般我们在画图时，会把灭点定在稍微偏离中心点的位置上，以使画面富于动感。

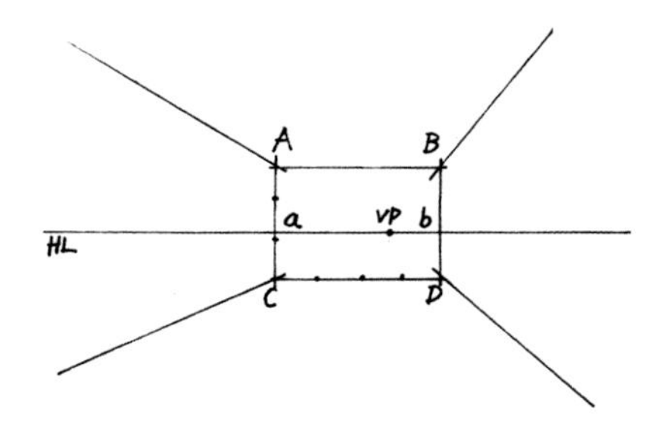

❹ 定位空间长度尺寸。由于空间进深的透视线无法像基准面的宽度线一样进行等分，因此我们需要将地平线CD向左或向右延长，这个延长线就相当于进深的透视线，然后在延长线上画出实际的进深尺寸。确定好尺寸后在视平线上现出测量点（M）的位置。再由M点向每个单位尺寸做连线，并延长到实际地面的透视线上，所产生的交点就是实际地面的进深尺寸。每个点代表1m的距离，最后再画出地面上的水平线。

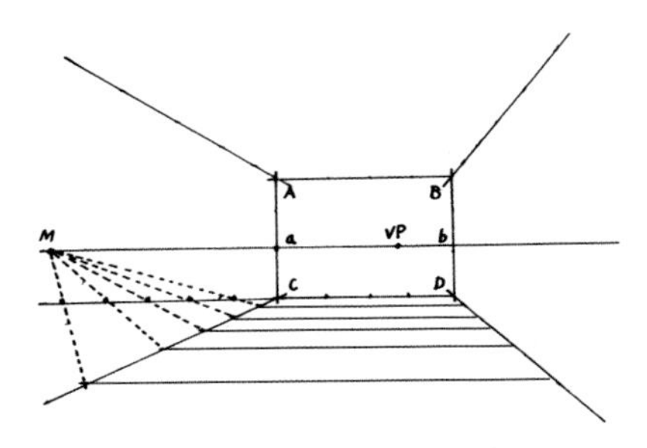

● 因为一点透视里基准面是矩形状态，所以与此墙面平行的线条在透视中也保持水平状态不变，且地面中的纬线也要全部都是水平线。要注意M点是测量空间深度的辅助点，它的位置直接影响到空间的进深大小。有时我们可以根据空间需要把M点定得或近或远，以求取不同的远近效果。M点即相当于人的站点或视点。

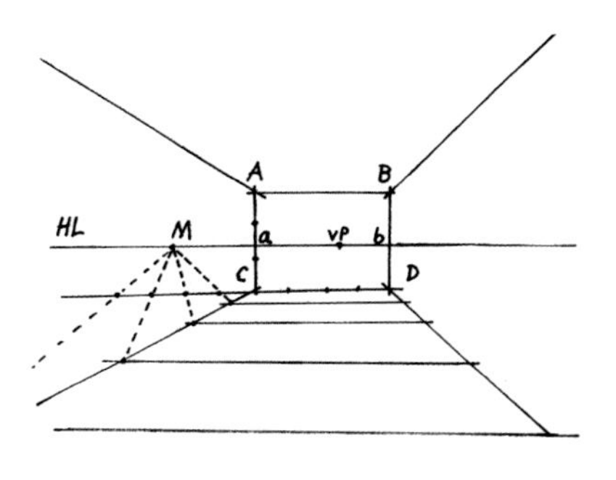

❺ 求取空间的进深。一点透视呈放射状态，凡是与左右两侧透视墙面平行的线条都统一交于灭点上。在求地格的宽度时，是以墙体的单位尺寸为标准做连线的。同理，天花板与墙面的宽度也是单位尺寸为标准与消失点做连线。

❻ 根据网格尺寸放入物体。当我们确定了空间网格后，就等于明确了室内空间的尺寸，再添加其他物体的时候，就可以依据空间网格进行尺寸比较，并确定出空间物体的尺寸了。

● 例如，在空间中放置一个长1800mm、宽800mm的沙发，首先在地格中确定沙发的长宽尺寸，这一点会非常容易，只要按照地面网格来衡量就可以了。然后依次做出高度，高度的尺寸为900mm，可以和墙面的网格进行尺寸比较，以推出正确的沙发尺寸。

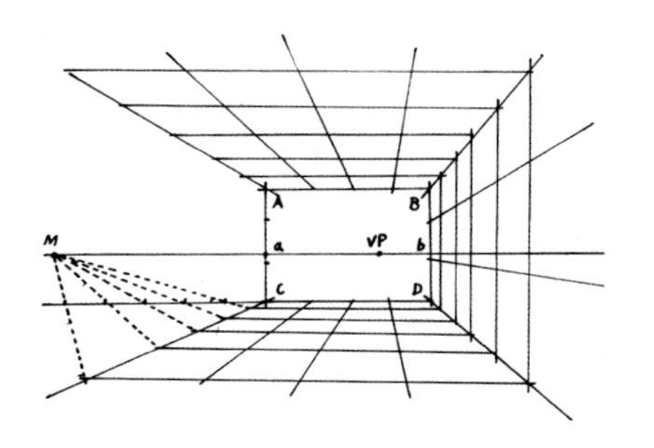

● M点大于空间进深时，地面拉长，空间显示不全面。

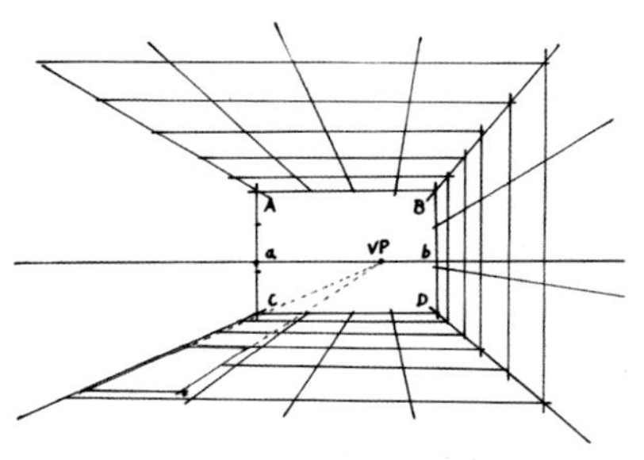

● 首先画出沙发地格尺寸。

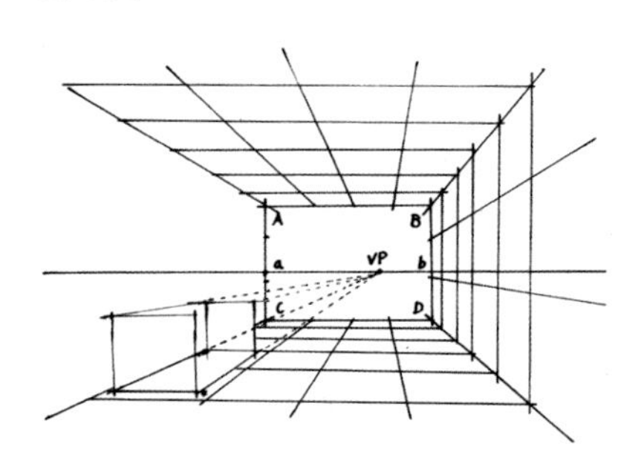

● 其次画出沙发的高度。

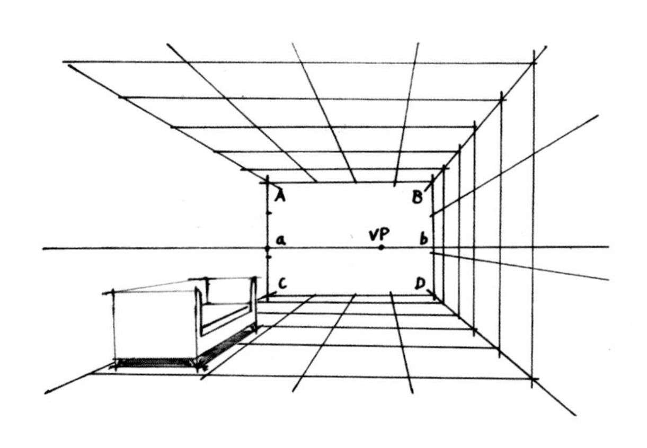

● 完善沙发的形体，使其符合透视规律。

3.3.3 问题分析

❶ 空间中与基准面平行的线条不平行，出现局部倾斜的现象。

❷ 透视线不统一，不能交于一个灭点。

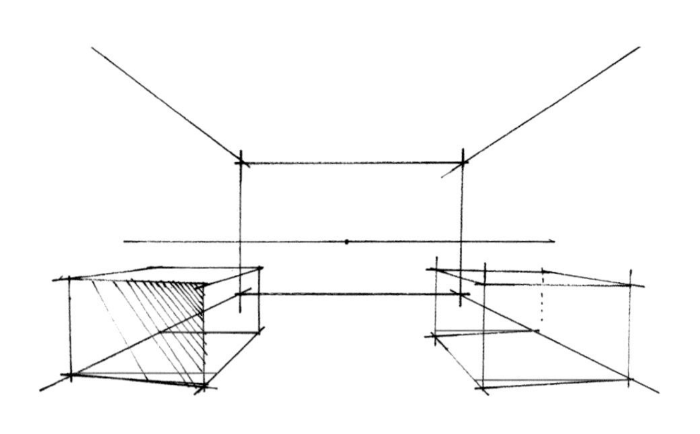

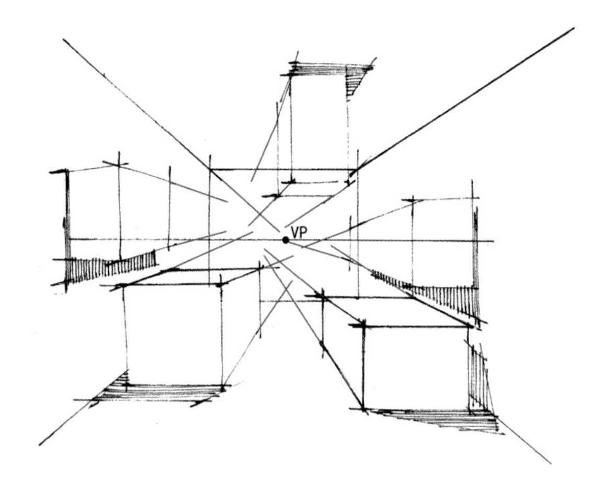

3.4 室内两点透视

3.4.1 两点透视空间概念

两点透视的画面效果比较自由，接近人的直观感受，但是不易控制，且表现的空间界面狭小，一般用来表现局部空间效果。两点透视空间中没有水平线，所有的横向线条都带有透视并交于两个灭点中，且两个灭点同在一条视平线上，只有垂直线与画面平行。

3.4.2 两点透视画法

❶ 首先画一条尺寸为3000mm的真高线，用AB表示。其次在AB点之间做视平线（HL），注意视平线的高度同样定位在1.2m～1.5m。待视平线确定之后，开始定位左右两个灭点（VP1和VP2）。最后连接墙体透视线，从灭点像AB两个点进行连接，注意线与点的相交。

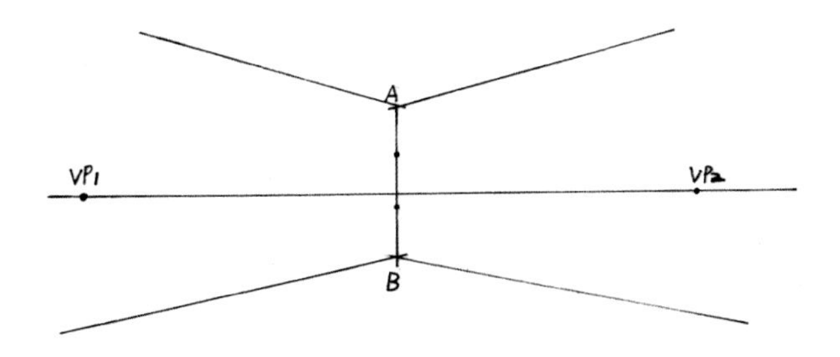

❸ 通过定位好的相交点与同侧的灭点相连接，生成地面网格。

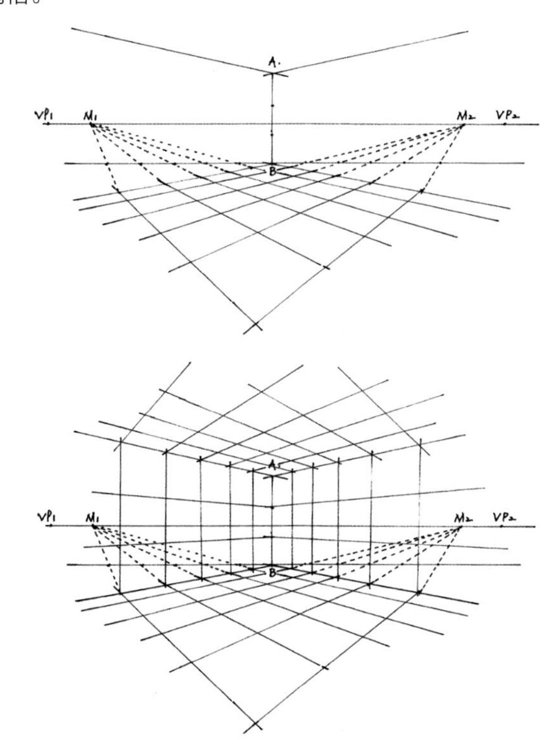

❷ 和一点透视一样，进深墙面的尺寸需要我们利用水平辅助线来测量定位，如我们的进深尺寸还是5000mm，那么在左右水平辅助线上等分出5个点，再确定出两个测量点（M1和M2）。最后使测量点与每个地平线上的刻度尺寸进行相连并与地平线相交。

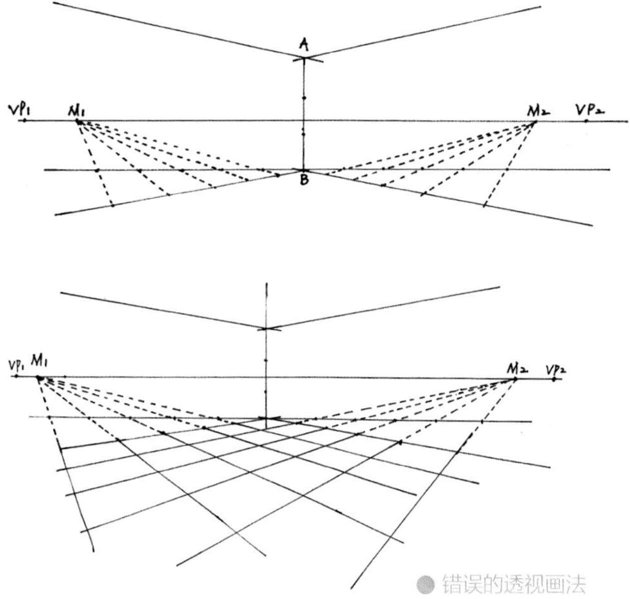

● 错误的透视画法

TIPS

很多同学经常会把测量点（M）当成灭点（VP），顺势就连成了地格线，这样是错误的画法，实际上测量点只起到测量空间进深的作用，而连接地面网格则需要通过灭点来连接。

❹ 以地面网格的透视点为端点做垂直线引向天花板处，墙上的网格就画出来了，最后再根据灭点连接天花板上的网格，这样两点透视的网格画法就完成了。

3.4.3 问题分析

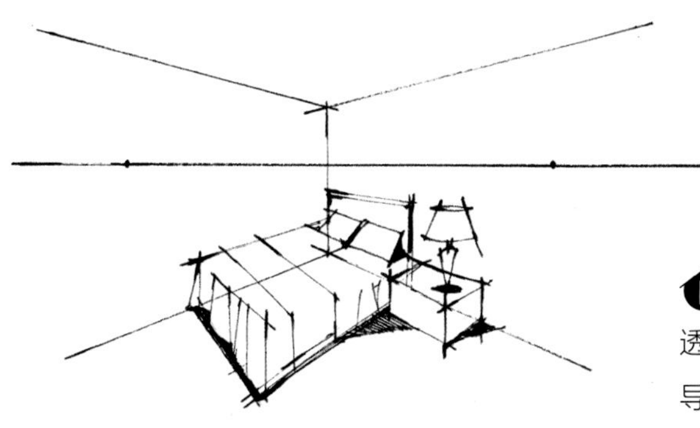

❶ 初学者最容易出现将视平线定位在真高线的中上部分，待连接透视时上面的两条透视线斜度偏小，下面的两条透视线斜度偏大，导致空间视角俯视效果明显。

❷ 两个灭点离真高线过近，导致空间视角狭窄，形体变形。

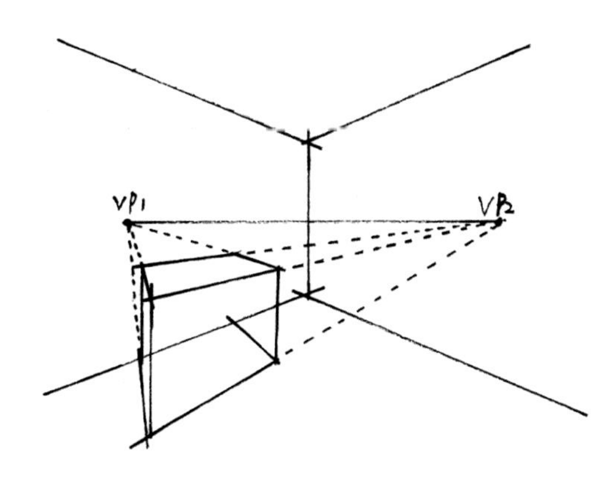

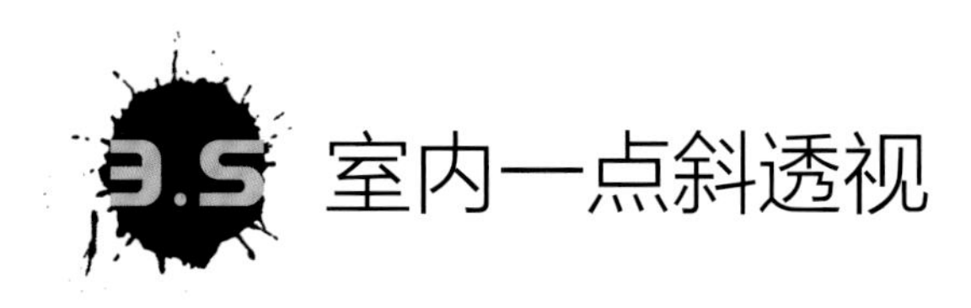

3.5 室内一点斜透视

3.5.1 一点斜透视的空间概念

一点斜透视也叫微角透视，它是介于一点透视和两点透视之间的透视形式，它取两者之长，既显得视野广阔，进深感强，又接近于人的直观感受。一点斜透视空间主次分明，是室内空间最常用的透视形式。

一点斜透视原则上也有两个灭点，其中一个灭点在基准面的中间偏左或偏右的位置；而另一个灭点实际上离空间很远，远到一般不会出现在画纸内。一点斜透视的空间中也没有水平线，有时我们会将稍有倾斜度的线条误以为是水平线，这其实是错误的判断，它的倾斜度虽然没有两点透视的斜度那么明显，但是也应注意线条会带有微微的倾斜度。

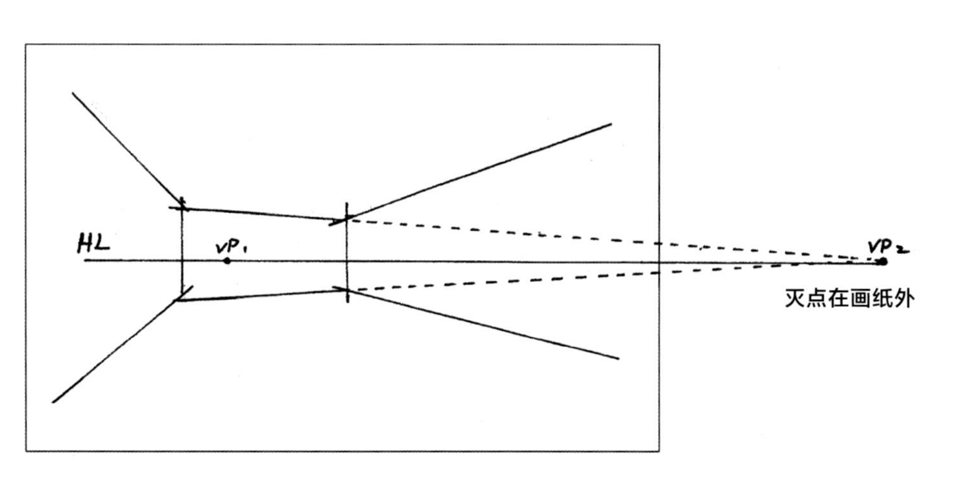

● 一般一点斜透视会看到三面墙，而两点透视会看到两面墙，这是二者的角度区别。透视上讲，一点斜透视的线条倾斜角度小，随着空间进深的强弱，即便是靠近站点的透视线，其倾斜度还是会小于两点透视斜线的倾斜度。

3.5.2 一点斜透视的空间画法

❶ 首先画出室内空间的基准面A、B、C、D。

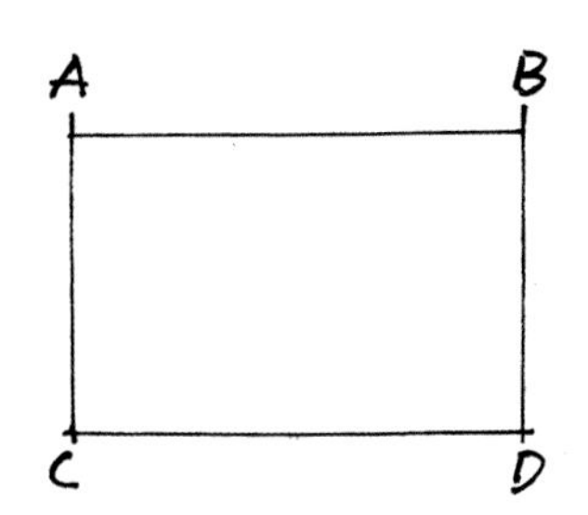

❷ 确定视平线（HL）、消失点（VP1）和两条消失线（V1和V2）。V1和V2与B、D垂线相交形成新的交点b、d。

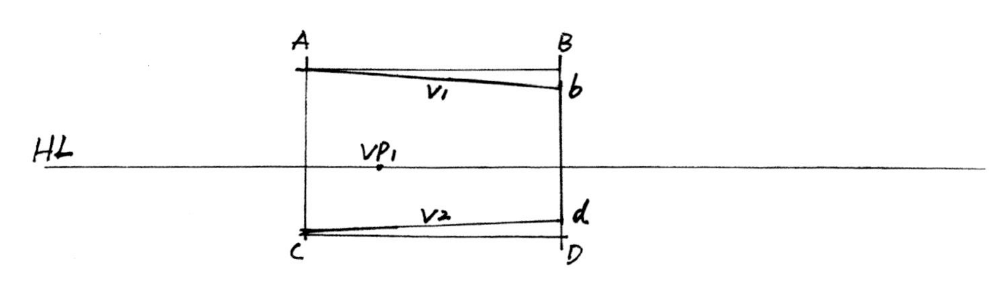

● 基准面的两条水平线因透视关系变成了斜线，属于向另一个远灭点方向消失的透视线（V1和V2），其倾斜角度很小。同时，视平线的定位离V1偏远些，离V2较近，因此，V2的倾斜度要小于V1。

❸ 分别从灭点向A、b、C、d等4个交点引出透视线。

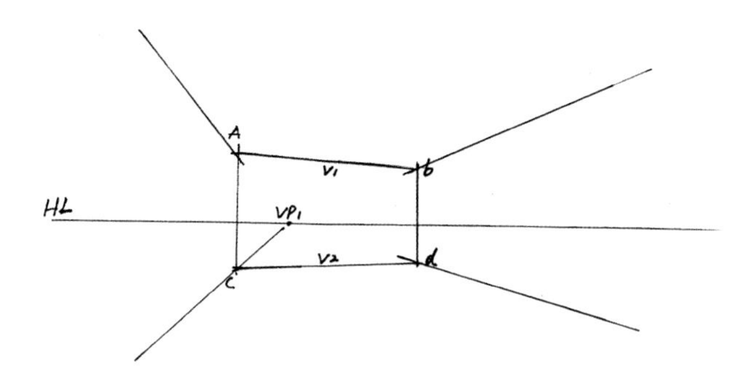

● 需注意的是：无论空间远处或近处的物体水平透视线的倾斜度有多大，尽量都不要超过30°。如果超过，空间就会在视觉上变形，显得扭曲。

❹ 定位空间中的网格。请注意一个规律，网格如果离站点位置较近，就会有明显的倾斜角度；如果离站点较远，倾斜度就会很小。这是因为，在画面左侧或右侧很远的位置，还有一个灭点存在，所有的水平线消失点都向这个点的方向消失。

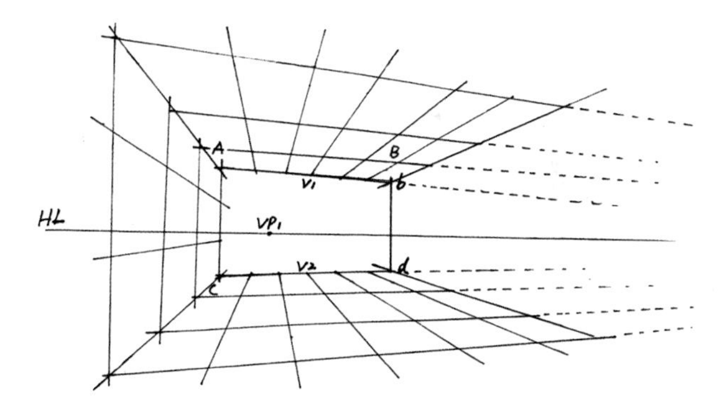

3.5.3 问题分析

❶ 基准面定位错误，把地平线画得过于倾斜，甚至超过了天花板的透视线，导致空间变形。

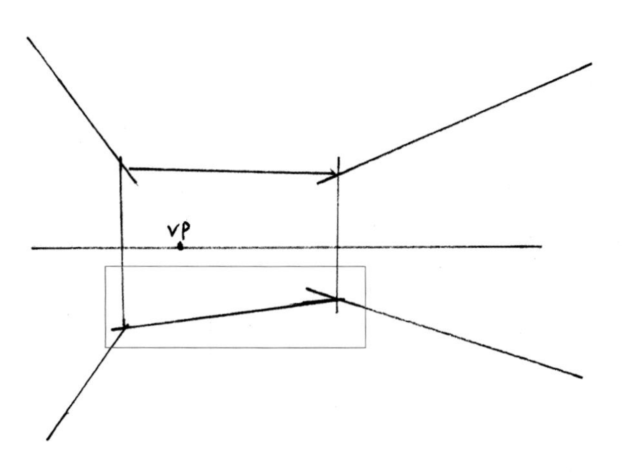

❷ 远处灭点定位离基准面过近，使站点附近的透视线出现“上仰”的透视角度，导致了空间物体严重变形。

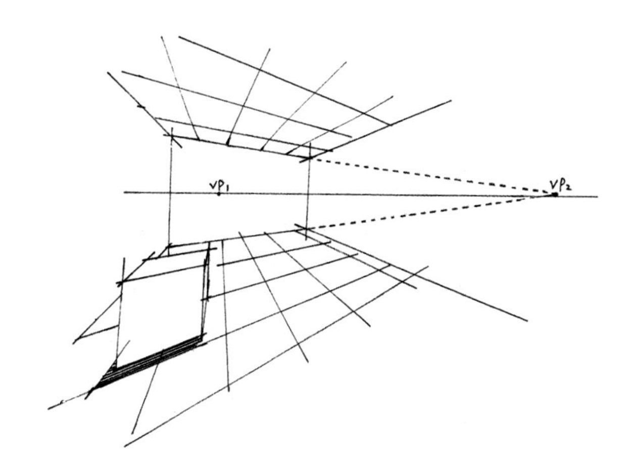

第1章 第2章 第3章 室内手绘透视技法 第4章 第5章 第6章 第7章 第8章

第4章 室内配景

本章以室内配景为目标核心，讲解如何快速、高效地画出配景，希望通过我们的讲解和示范能够促使大家以正确的方式方法来进行训练。

4.1 配景训练的目的

方案创作的真正目的是创造性地解决空间问题，提供多赢的设计方案，方案创作并非绘画创作。配景在空间中用来陪衬主体，起到锦上添花的作用，因此我们提倡将配景“尽可能简化或者抽象化”， 而不要去追求逼真的写实效果。

这样理解之后，就会发现我们需要绘制的配景难度其实并不大，只要认真研究针对配景的提炼和简化模式的画法并多加训练，就容易画得随心所欲。这里的关键就是：摒弃具象而精细的画法，注重简化、高效地画法。

4.1.1 烘托主体

室内设计始终是以墙体、天花和地面的结构造型设计为主体，而家具、灯具、植物和窗帘等家具配景则是要按照空间整体的设计风格而搭配选择。我们必须明确一点：设计图纸中并不是设计师画出什么样的家具，实际就要做到和效果图中一致，它们大多是按照效果图的整体风格去定做或购买与其相类似的样式。因此，对于空间设计的结构和装饰造型，我们应该给予重视，至于家具配景，我们会相应地做简化处理，达到烘托整体设计风格的目的便可。

● 简化后的室内空间具有强烈的设计感。

● 家具的刻画只强调了外轮廓，不做深入处理也能体现设计意图。

● 电视机概括成长方形，只要画在对应位置上，就能够让人理解意图。

● 远处的餐桌、椅子处理更为简洁。

● 灯具的处理顺应整个室内风格，不做细节处理，强调整体感。

4.1.2 衡量尺度

在空间表达中如果单纯地只强调墙体、天花板和地面，那么效果上会显得很空洞，因为单凭这一点是不能完全体现出空间感和尺度感的。如果在其中加入配景去推算出空间的大致高度和宽度，便于读图的人形成对空间真实的尺度感受。例如，在一个酒店空间中，我们的室内配景一般会处理得比较小，这样便能突出空间的大尺度，如果处理不当，就会使读图的人误以为空间狭小。

● 酒店空间 作者：李磊

● 人物在此空间除了活跃气氛之外，还起着衡量空间尺度的作用，通过人物的描绘，能直观地反映出酒店空间的大尺度。

● 大空间中的家具要画得小一些，体现正确的尺度关系，来凸显空间之大。

● 阳光房餐厅 作者：李磊

● 小空间中的家具要画得大一些，用来衡量正确的空间尺度关系。

● 客厅空间 作者：李磊

4.1.3 丰富空间效果

配景简洁地处理并不代表画得单一，过于单一实际上和不画的效果是一样的。我们在绘制时应该顺应空间风格，在这个前提下再做简化处理，效果会显得主次分明，又能突出整体风格。例如，在一个公共空间中，除了必要的结构设计和装饰设计之外，我们加上家具、植物和人物，能够使空间的氛围更加强烈，整体性更好。如果没有这些配景来映衬，则会显得非常单调。

● 商业空间表现图 作者：李磊

● 公共空间往往人流量比较多，在设计图中适当地添加人物配景，能够活跃空间气氛，真实感更强烈，还能使读图的人置身其中。

● 这张表现图除了体现出空间结构之外，植物、人物、家具和装饰品也都全面地展现了出来，营造了一种和谐的氛围，丰富了空间。

● 度假会所空间表现 作者：李磊

4.2 家具配景

室内家具是构成室内空间的重要因素，不同风格的家具也体现着不同风格的室内环境。家具的种类繁多，不同的家具也有不同的样式变化，我们应该在训练时注意这些细节。

在画家具陈设时，要注意彼此之间的透视关系、比例关系和色彩搭配，特别要注意它们最新的款式和形态造型。建议在学习阶段要多收集一些有关室内陈设的资料，进行大量临摹训练，并“印”在大脑中，便于以后随时调用。

● 不同风格家具展示

4.2.1 单体家具的画法

以单体沙发为例，我们来讲解下家具的绘制步骤。

1 首先用铅笔定位出沙发的地格尺寸，并注意透视准确。

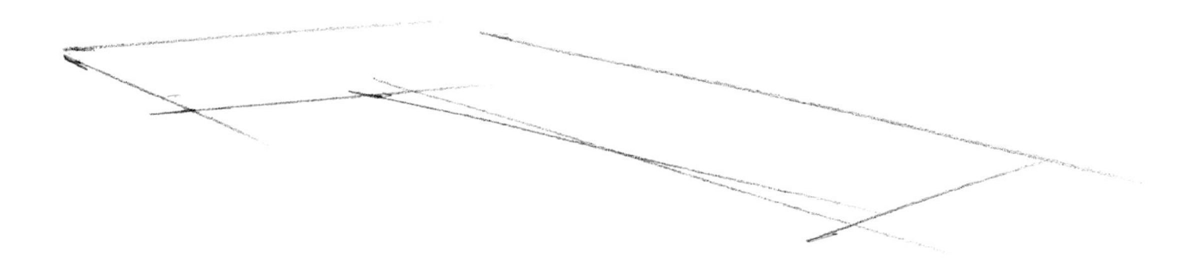

● 三人沙发的长度在1800mm～2100mm，宽度在800mm左右。在透视图中要注意长宽比例，如果我们侧重沙发正面，其长度尺寸就会稍显正常，但是要比正常比例显得稍短些，侧面的比例则会在视觉上缩短。

2 用单线画出沙发的靠背、扶手和坐垫。

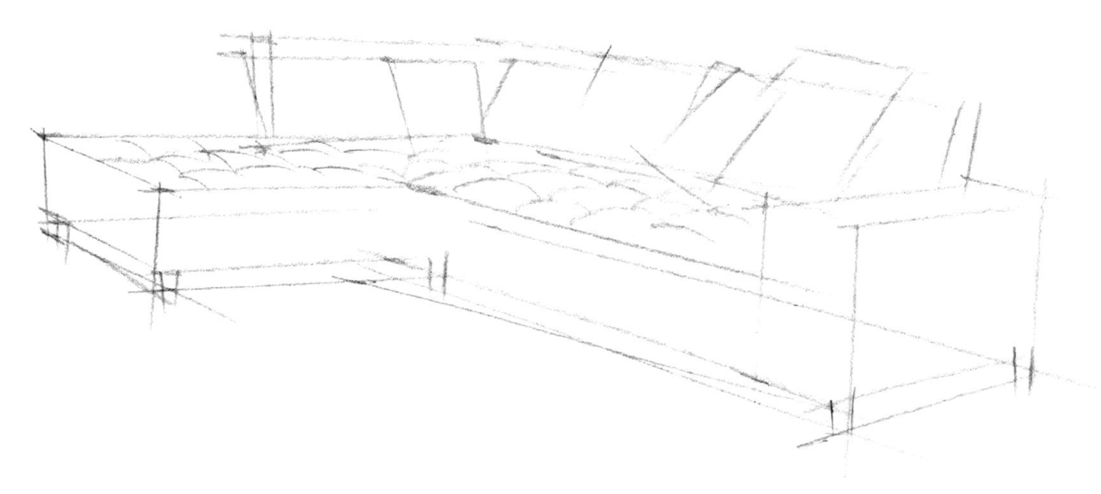

● 沙发靠背的高度在700mm～900mm，坐垫高在350mm～420mm，大家在画的时候一定要先了解家具的基本尺寸，这样才能定位出准确的造型。

3 用绘图笔勾出沙发的外轮廓，用线要肯定有力，转折部位要强调。

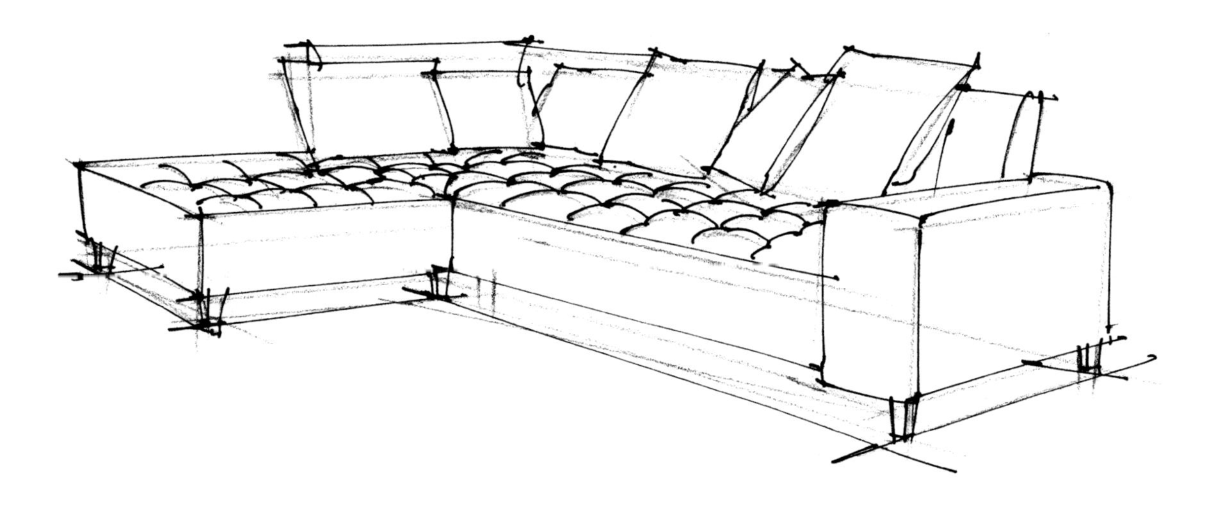

● 勾线的时候要重新塑造形体结构，不要完全把铅笔线原封不动地描一遍，因为铅笔线只是一个草稿，要想画得更准确，需要在草稿的基础上重新定位。

❹ 画出沙发的明暗及阴影。

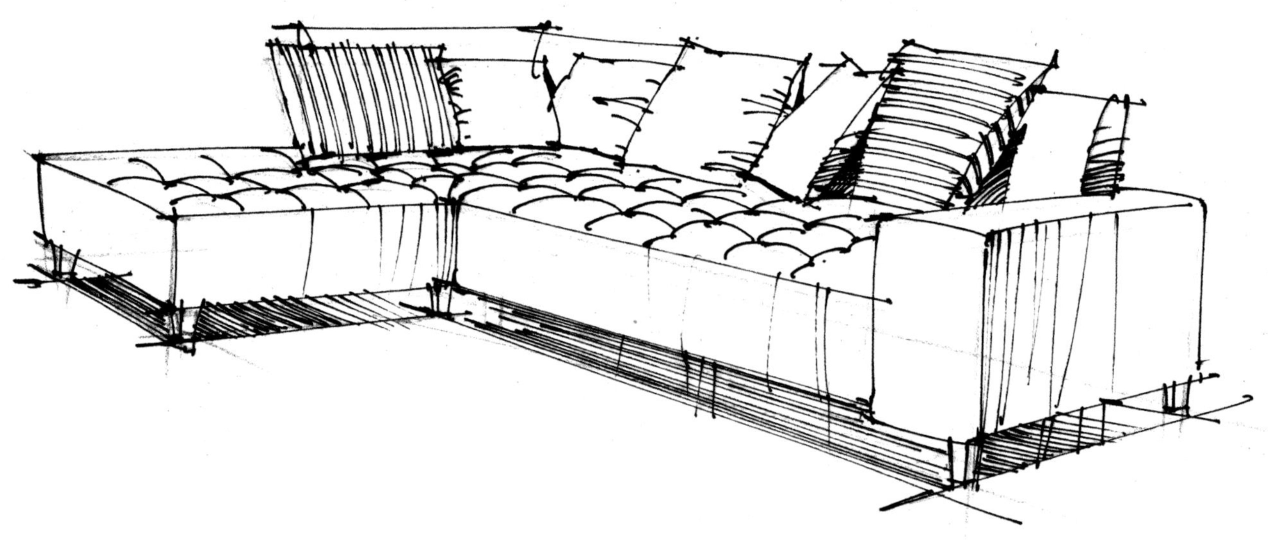

● 阴影的处理要概括，用简单的线条体现出形体的转折关系即可。排线方向尽可能统一，不要画乱。

以上步骤涵盖了所有室内家具的画法，无论是沙发、床体和桌椅等，都可以用这种方法进行绘制，希望初学者牢记在心，勤加练习并举一反三。

4.2.2 组合家具的画法

这一节我们来学习组合家具的画法。在了解单体画法的基础上，要注意组合家具的位置和距离，同时要注意彼此之间的比例关系。下面我们以床组合为例。

❶ 用铅笔定位床体、床头柜和床榻的地格尺寸。

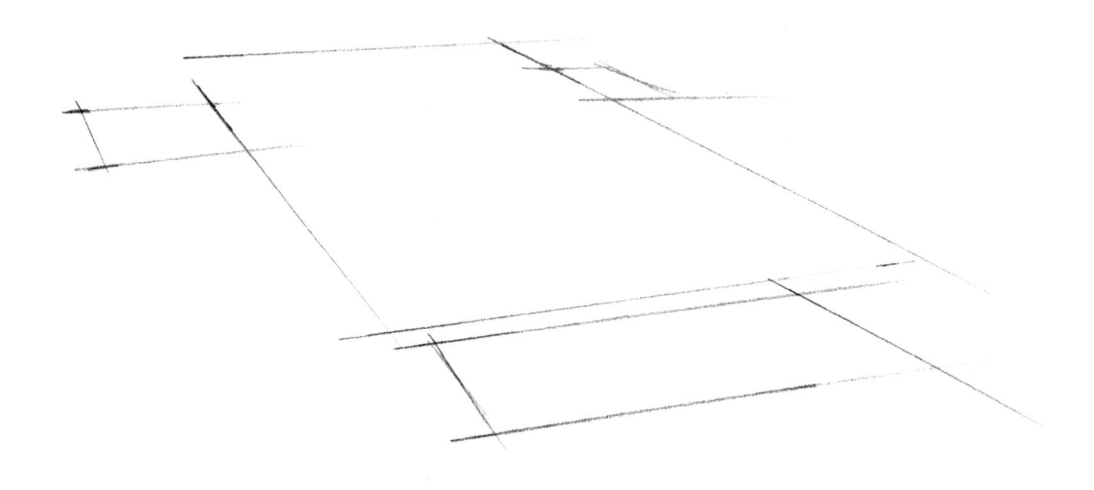

● 双人床长度为1800mm～2100mm，宽度为1500mm～1800mm，高度为600mm左右；床头柜长度为450mm～600mm，宽度为350mm～450mm。画得时候要注意这些比例。

❷ 用单线条定位家具的高度。

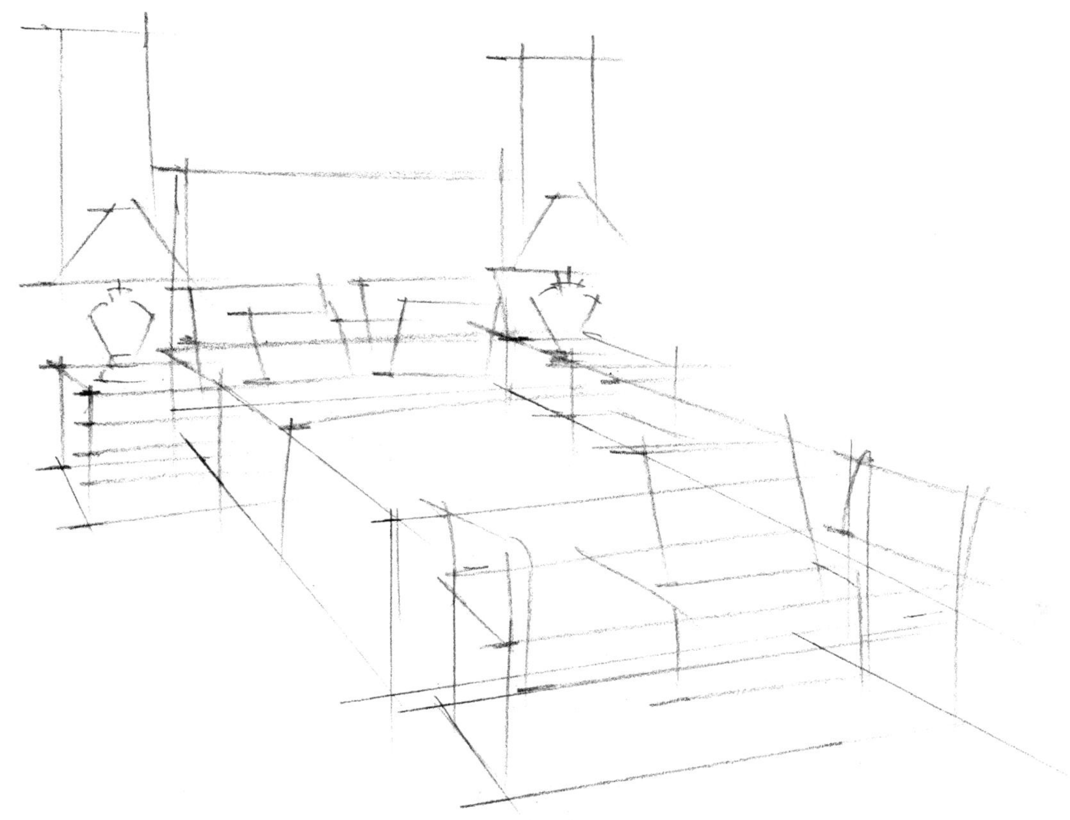

❸ 用绘图笔画出家具的轮廓线。

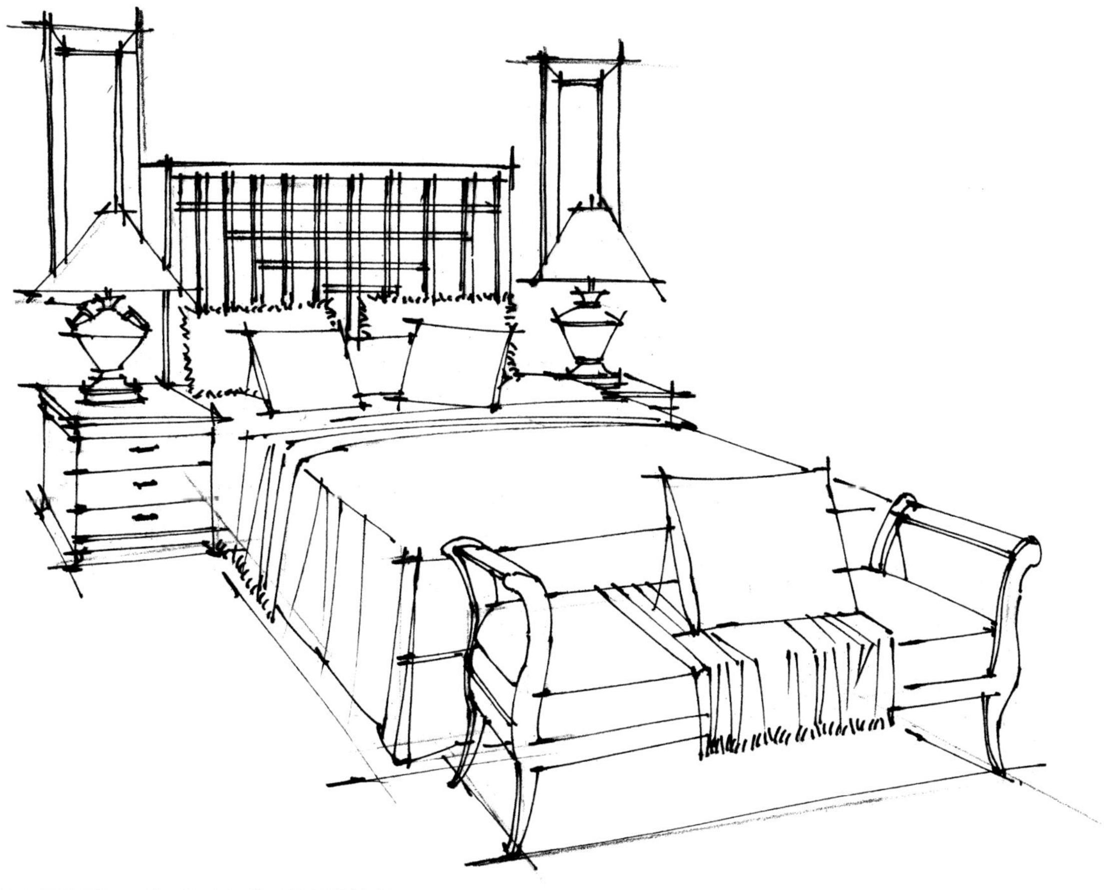

● 和单体家具的讲解一样，注意勾线时的细节处理。

❹ 为画面添加明暗调子及阴影。

● 为体现明显的转折效果，排线的方向也要有所变化，不能完全一致。

4.2.3 室内家具范例

室内空间中的家具陈设既满足功能的需求，又起着丰富画面效果的作用。在绘制时要注意用线肯定、简洁和概括，同时也要注意线条远近的虚实变化。色彩方面要大胆，并注意颜色之间的协调性。

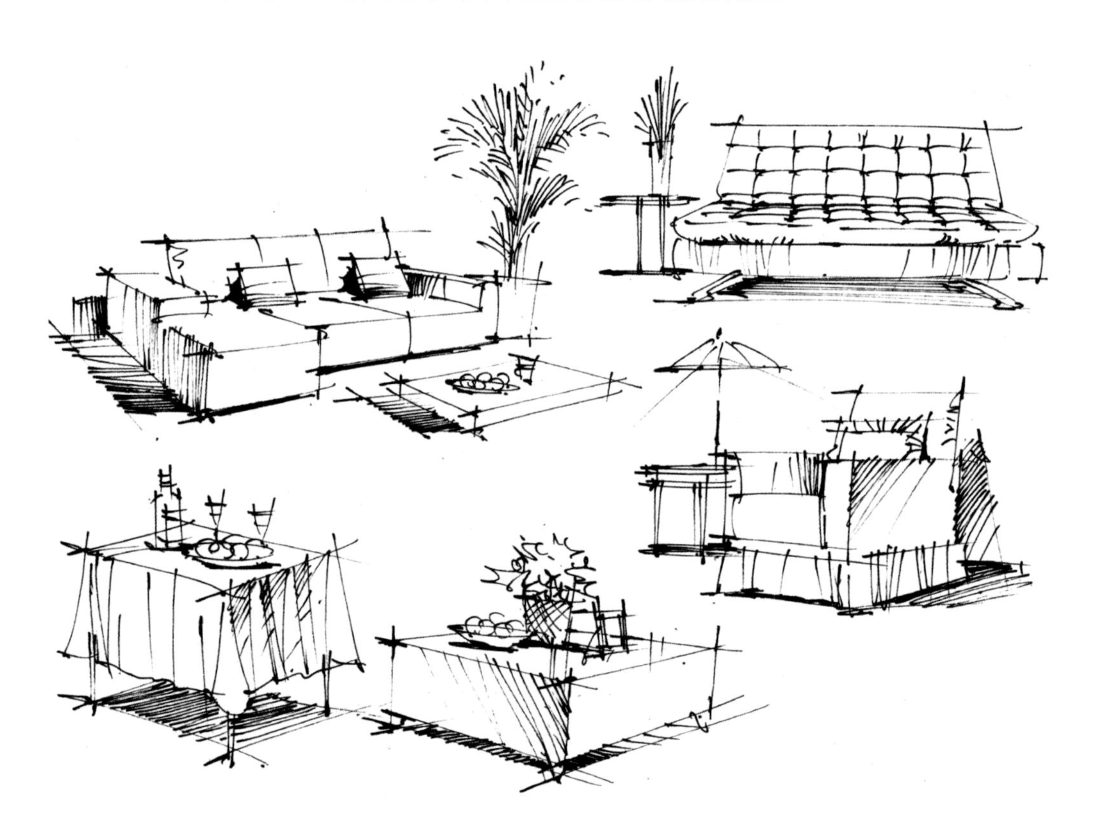

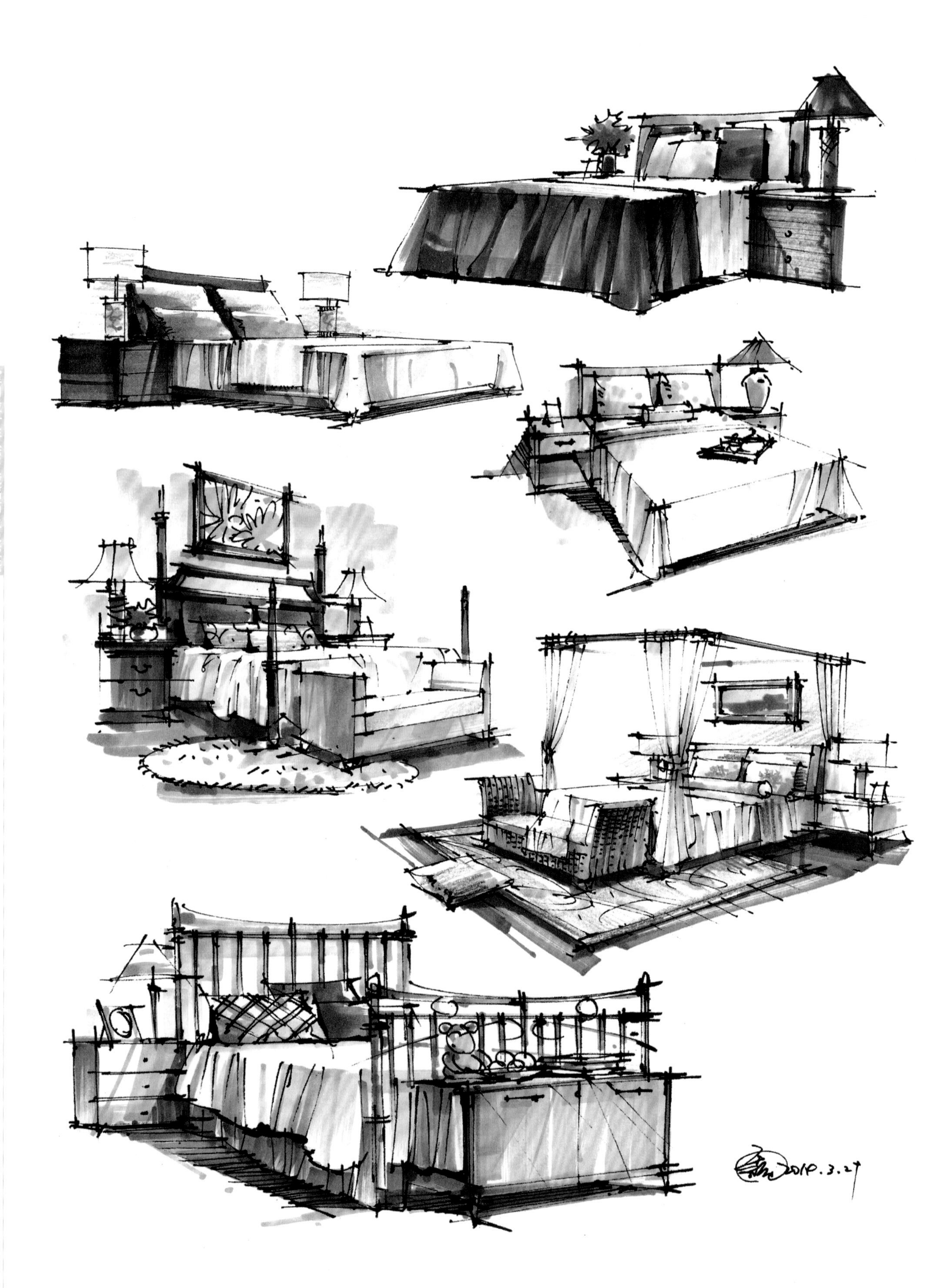
2014.3.27

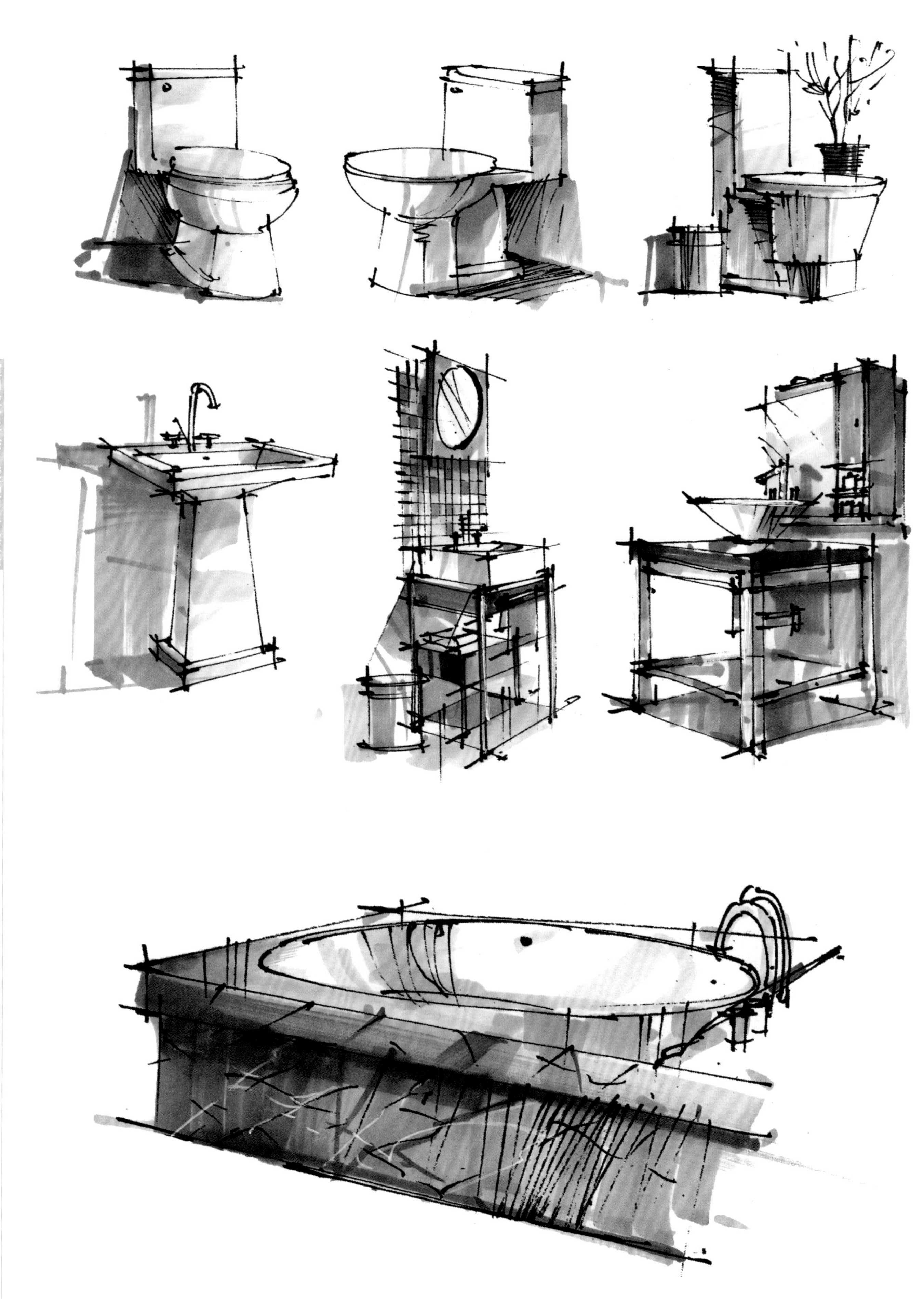

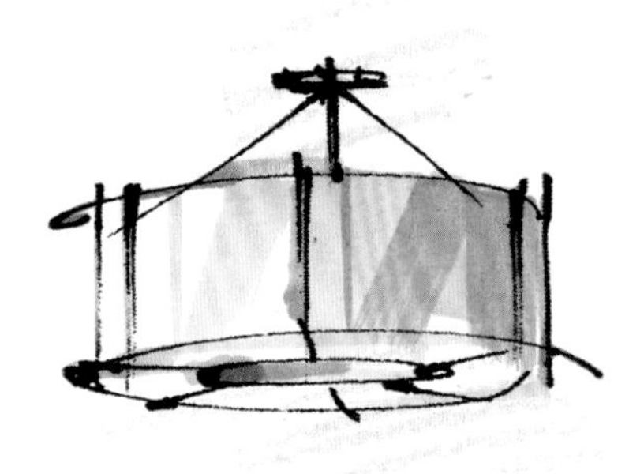
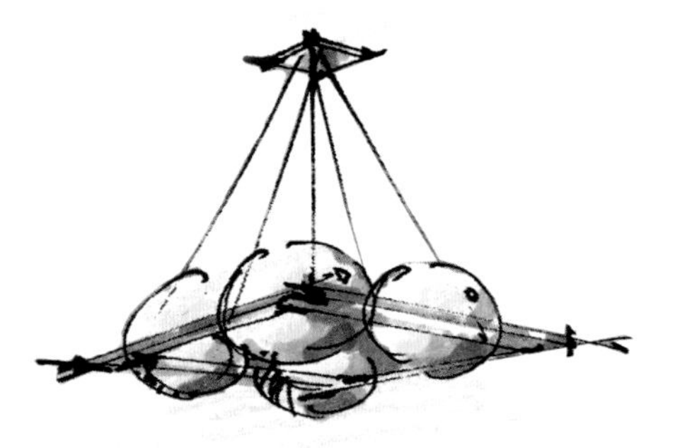
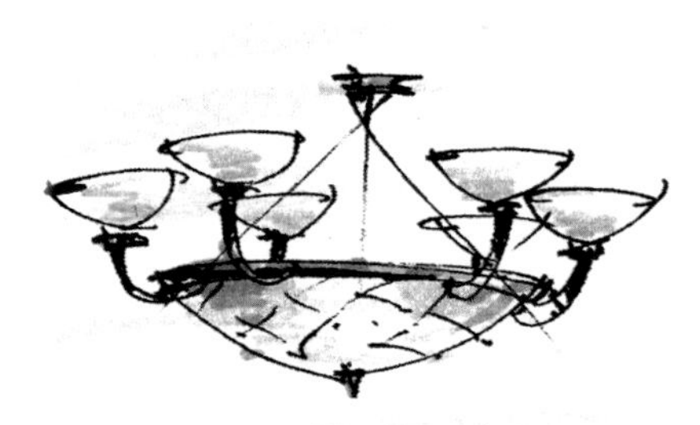

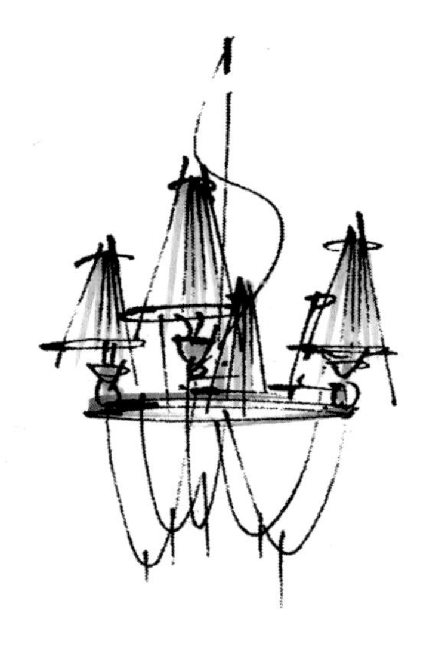

4.3 植物配景

室内植物是点缀室内环境，调节室内气氛的重要因素，它的处理手法和室外植物有所不同，室内植物要画得更加概括简洁，很多绿化的形态都会被概括成“万能”的造型，在学习的时候我们只要记住几种植物类型就可以了。

4.3.1 概括的植物线条

很多初学者过于追求写实的画面效果，却忘记了设计草图的表达目标并不是追求植物种类和具象表达等细节。实际上，我们是用一种抽象的形状、笔触和色块来满足植物的完成效果，这种方法简便、快速，也具备设计感。

下边来介绍几种概括的线条。

第一种是适用于各种绿植的线条。我们称作“锯齿线”，这种线条有些类似英文字母“W”和“M”的形态。起笔时注意线条转折要自然，出头不宜过长，并注意整体的伸缩性。

第二种是适用于干支的线条画法，利用曲折的线条自下而上运线，形成自如的生长状态。

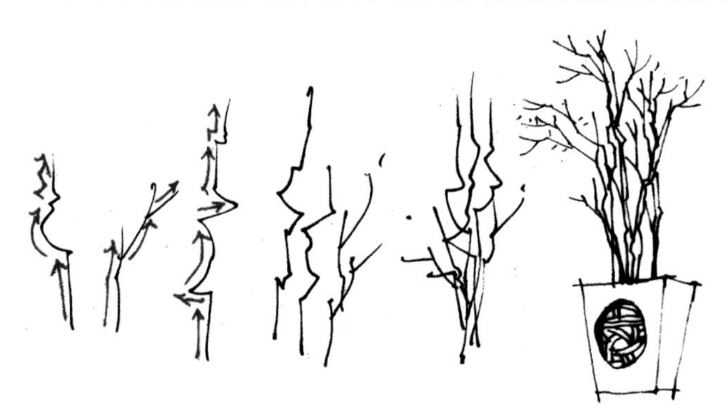

第三种是适用于棕榈树的叶片形态。线条细长，形体较烦琐，在表现时要注意将叶片分组整理并区分主次关系，把握植物的整体感。

叶片形态　　植物画法

第四种是适用于芭蕉树、旅人蕉等叶片的画法。这种叶片形态厚重，形体偏大，纹路清晰，在绘制时要注意其生长规律和整体形态。

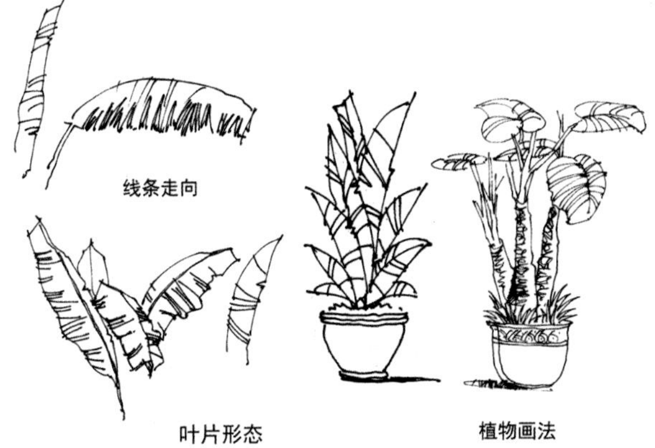

第五种是属于山茶、小叶黄杨等植物的叶片画法。其线条较琐碎，绘制时应注意把握整体关系，细节部分要分组刻画，靠前部位的叶片要有明暗层次，靠后部位的叶片要整体概括，突出疏密关系。

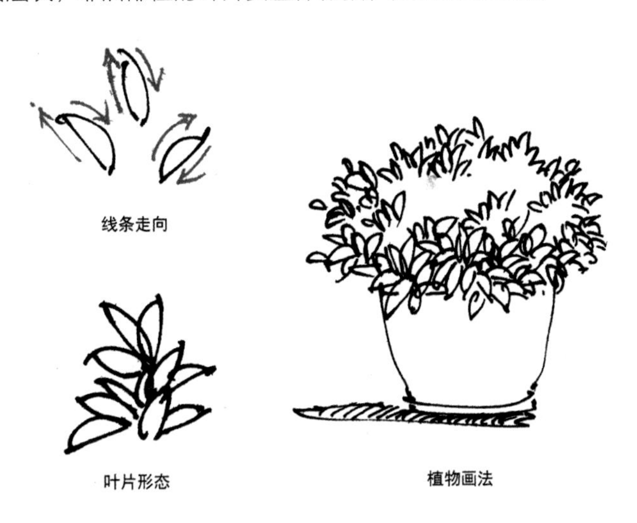

4.3.2 植物的模式画法

这里总结了部分植物的模式画法供大家参考，遇到这些植物时，首先要抓住整体形态，强调叶片的基本轮廓，尤其要突出枝干的生长规律，并注意前后关系。

4.4 人物配景

手绘表达中的人物和速写人物是完全不一样的，手绘表达的人物需要线条简洁，可以省略面部五官，以剪影的形式出现。近景人物通常以背面形式出现，远景人物可以稍微变形，以“符号”方式体现。

● 以剪影的方式概括的人物形态。

4.4.1 人物的比例关系

即便是剪影的人，也应该注意其比例关系。一般在处理成年人时，从头到脚可以分为8个等份。即头部占1份，上身占3份，下身占4份。整体粗略地看，人的上半身会稍显粗壮，腿部会显得较细。

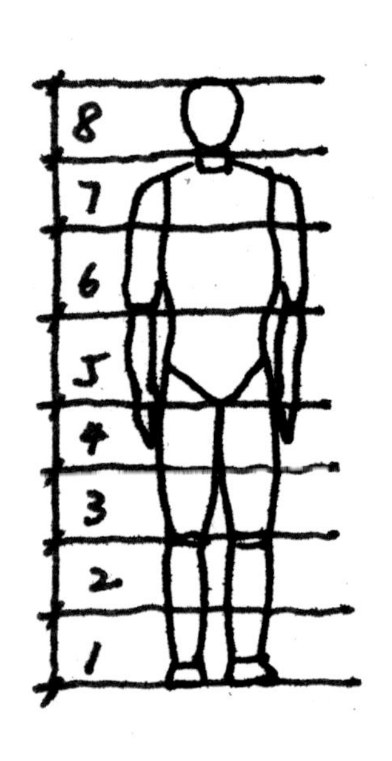

人物配景在大空间中比较常用，一个是为了增添气氛，另一个是为了体现空间设计的尺度，有着“比例尺”的作用。而大多数人物都会以站姿和走路两种形态来表现。尤其要记住的是，在透视图中，人物无论远近，无论多少，其头部都应该统一在视平线上，而脚的位置的不同是用来体现空间人物远近效果的依据。

● 餐饮空间表现图 作者：刁晓峰

TIPS

空间中添加人物能够活跃气氛。

TIPS

视平线与人物高度的关系，可以用来衡量空间大小。

TIPS

头部要统一在视平线上。

4.4.2 概括的人物画法

❶ 首先画出人的头部，通常都会以一个不规则圆形或者多边形体现。

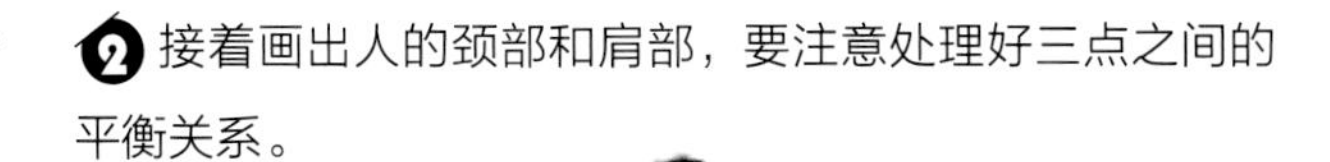

❷ 接着画出人的颈部和肩部，要注意处理好三点之间的平衡关系。

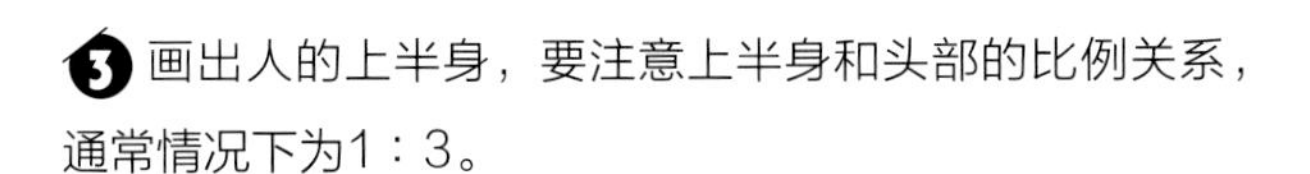

❸ 画出人的上半身，要注意上半身和头部的比例关系，通常情况下为1：3。

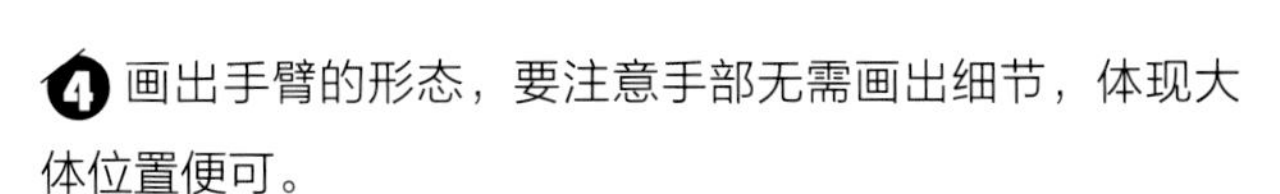

❹ 画出手臂的形态，要注意手部无需画出细节，体现大体位置便可。

❺ 画出腿部的形态，一般我们会将腿部画得偏长一些，这样看着会比较舒服，切勿画成短腿的样子。最后添加地面阴影。

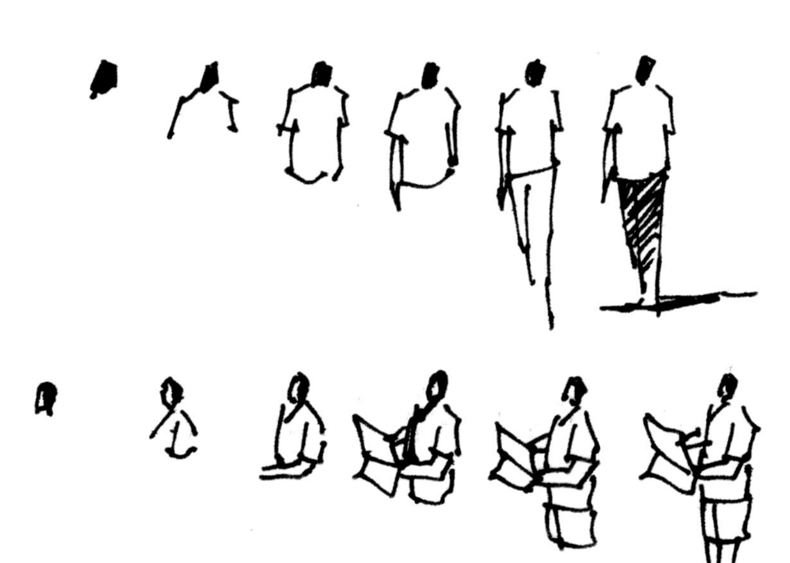

以上方法适用于各种人物形态的画法，希望大家认真练习，做到举一反三。

4.4.3 人物的组合处理

如果空间中只有一个人物，多少会显得单调乏味，在处理时我们大多会以人物组合的形式来体现。一旦形成组合，就要注意人物的疏密关系，千万不要分得过于平均，这样会让画面显得很分散，视觉中心也突出不出来。因此，为了引导视线到诉求中心，我们会安排较为密集的人群在中心位置做出引导。或者说，空出视觉中心，让两侧的人群以背部或者走路的形式向中心点引导。再者，是通过人物近大远小形成序列，将视线引导到诉求中心。

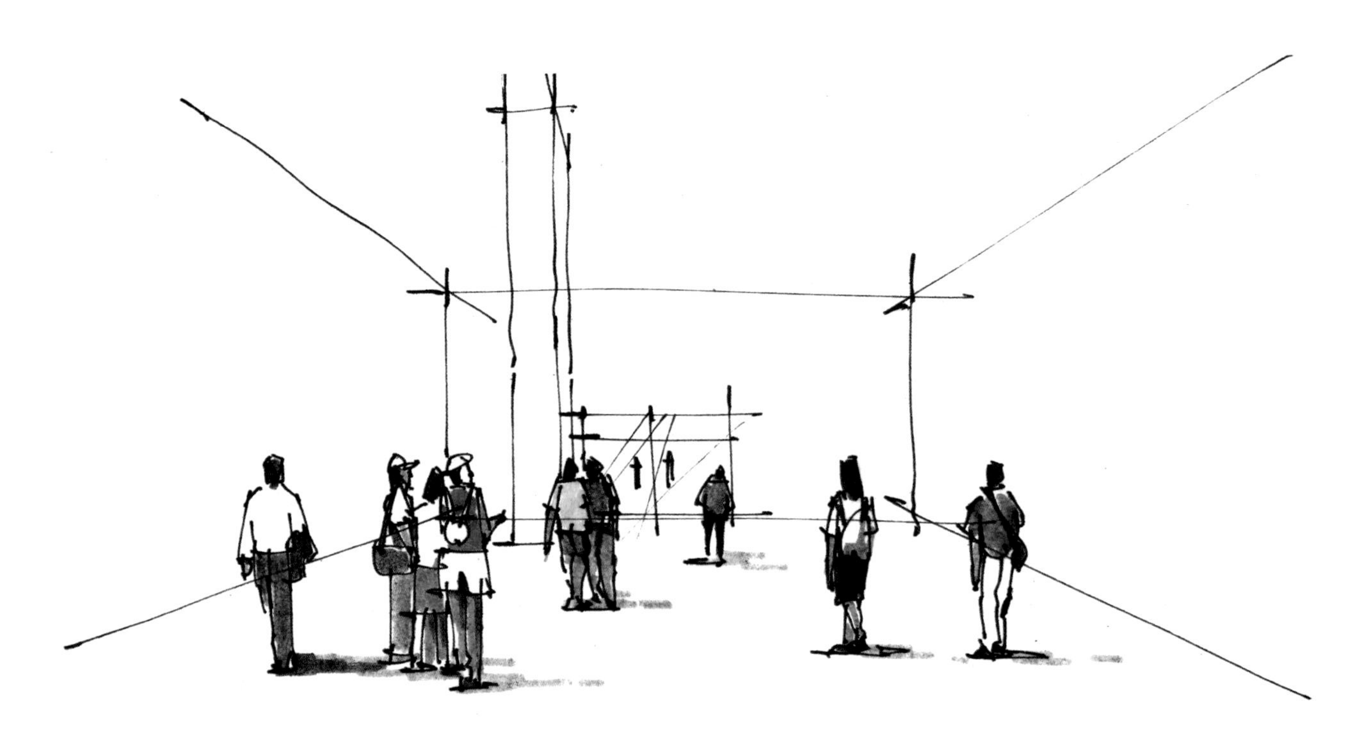

对于人物远近的处理，我们也可作适当的调整。近处的人物可以强调动态，穿衣样式，甚至五官。但要注意，即便是这样，也要概括处理，不能强调过于具象的效果。

4.4.4 人物画法范例

这一节将列举一些人物的画法供大家参考。

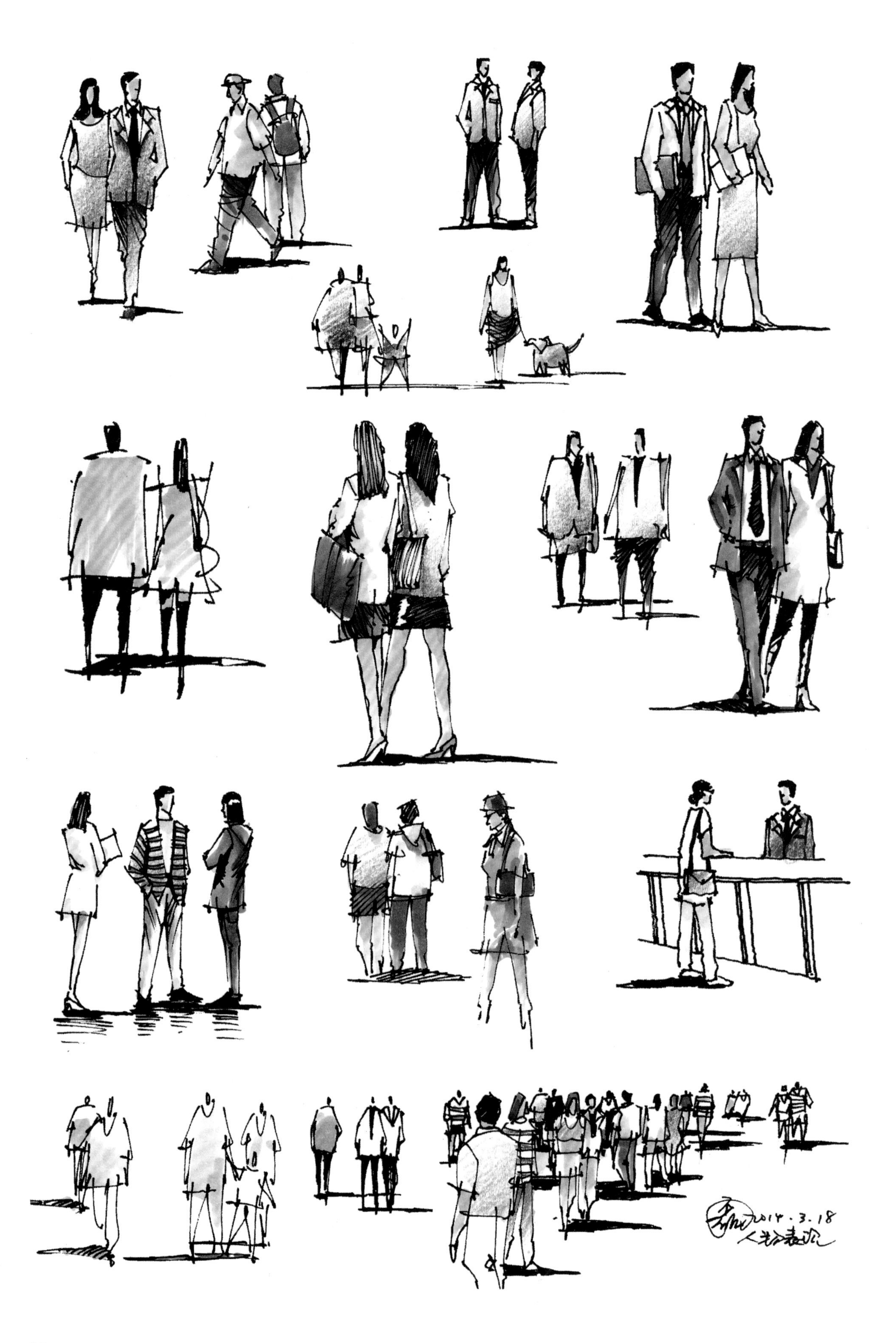
2014.3.18

第5章 室内空间线稿步骤详解

5.1 一点透视空间画法——现代客厅

❶ 首先用铅笔定位空间的基准面、视平线和灭点。要注意视平线需定位在墙高中心偏下的位置，大约1.3m～1.5m。

❷ 根据灭点向基准面的4个直角的位置连接透视线，形成空间的进深，然后刻画室内墙体的结构线，并注意透视关系。

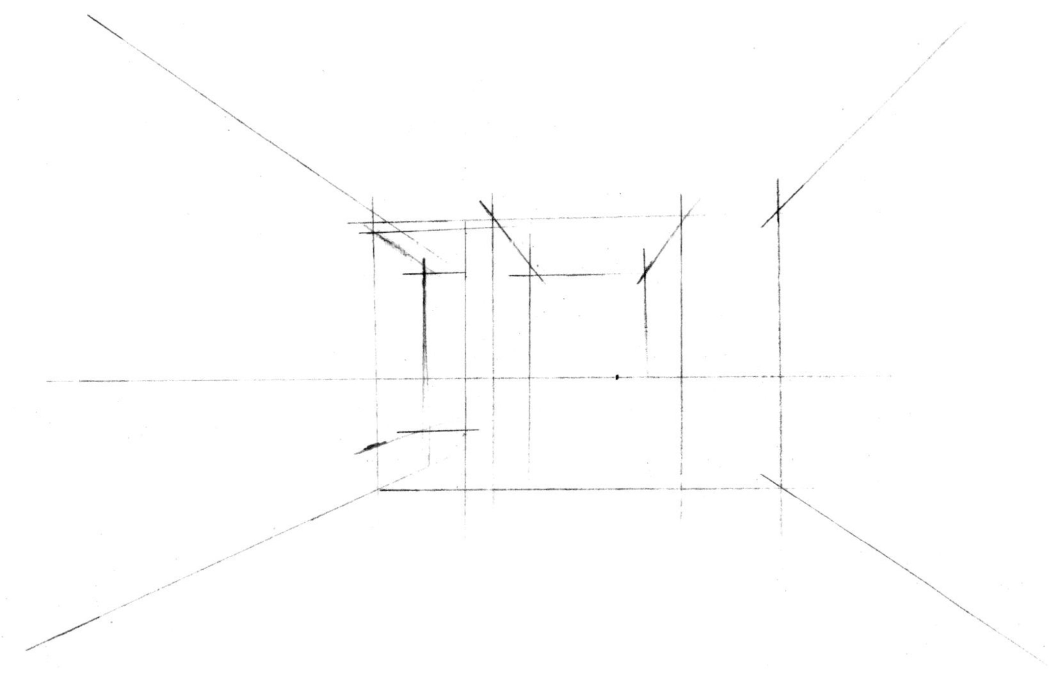

❸ 待空间墙体所有内容画好之后，接着定位出室内家具的地格位置，注意每个地格的长宽尺寸。

❹ 用几何形体的方式概括出家具的造型，在这一步中要注意每个形体之间的高度比例，同时注意小块面的转折关系。

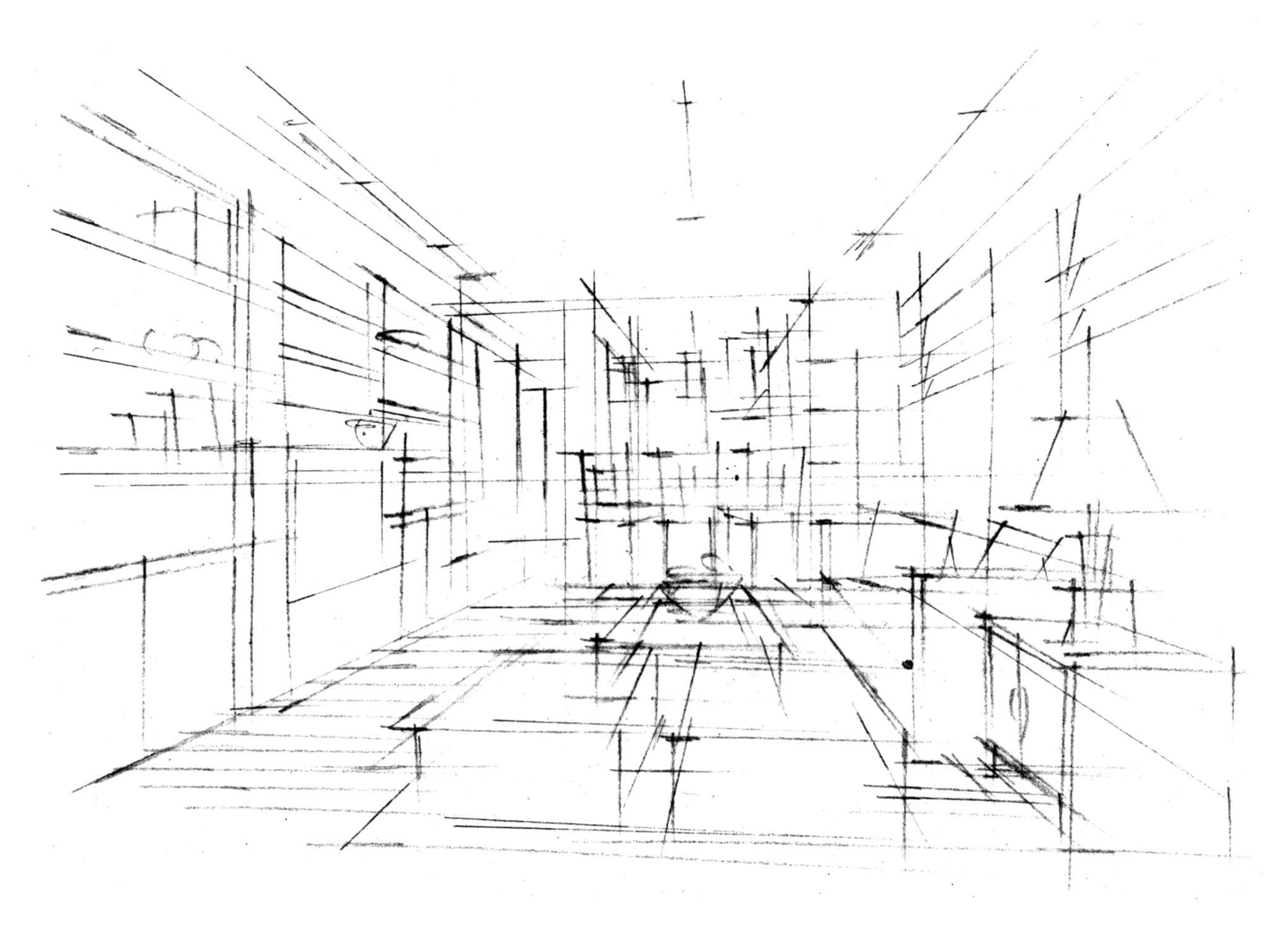

● 由于是底稿，因此并不需要刻画得多么细致，学生要学会概括地画出形体的轮廓，再利用绘图笔进行深入塑造。

5 用绘图笔勾出空间形体的轮廓线。

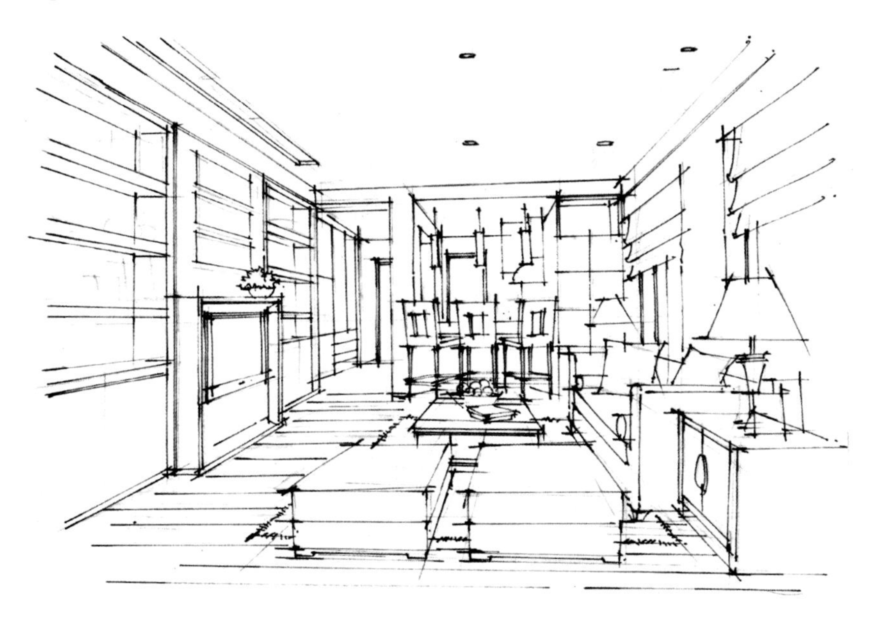

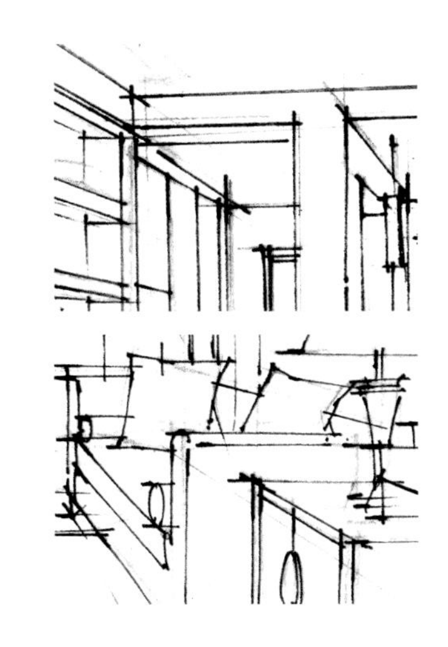

● 绘图笔勾线的时候要注意，不要完全按照铅笔线条去“描”。正确的方法应该是在铅笔稿的基础上进行再次推敲正确的空间形态，因为铅笔稿画的很概括，所以它未必是最准的定位。我们要学会在此基础上找出更精准的造型来。

6 深入刻画形体的细节，并适当处理空间阴影。

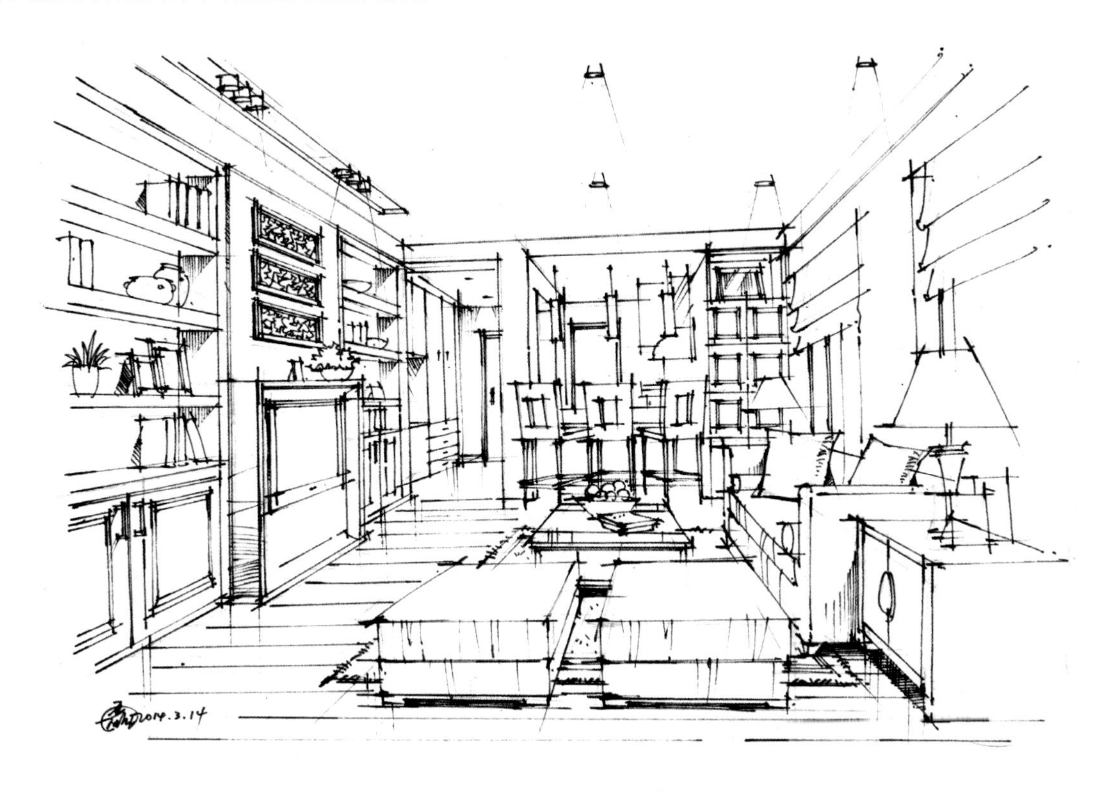

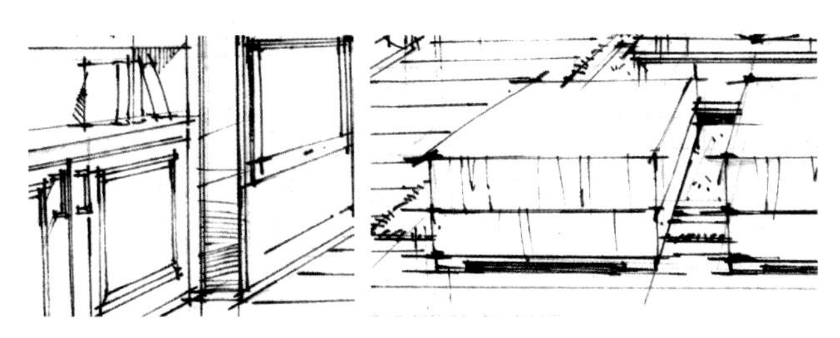

● 形体的转折面要稍加区分，利用简单的线条概括即可。

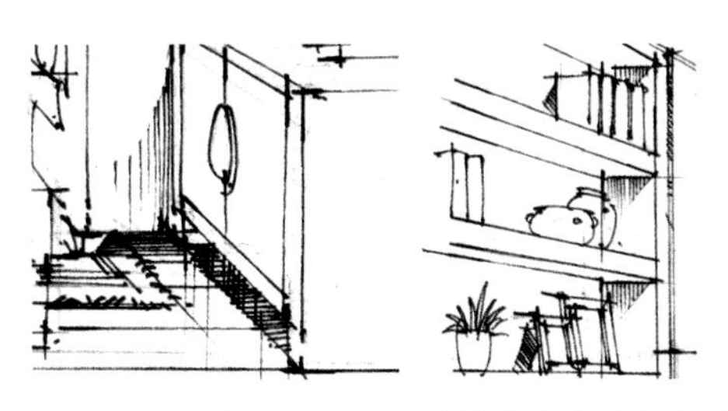

● 不同块面的阴影塑造尽量要以不同的排线方向进行塑造，这样能明确的区分彼此的块面关系。排线时要整齐，突出边线效果。

5.2 两点透视空间画法——餐厅包房

❶ 首先用铅笔定位空间的真高线、视平线和灭点。然后根据灭点向真高线上下两点位置连接透视线，形成空间的进深。

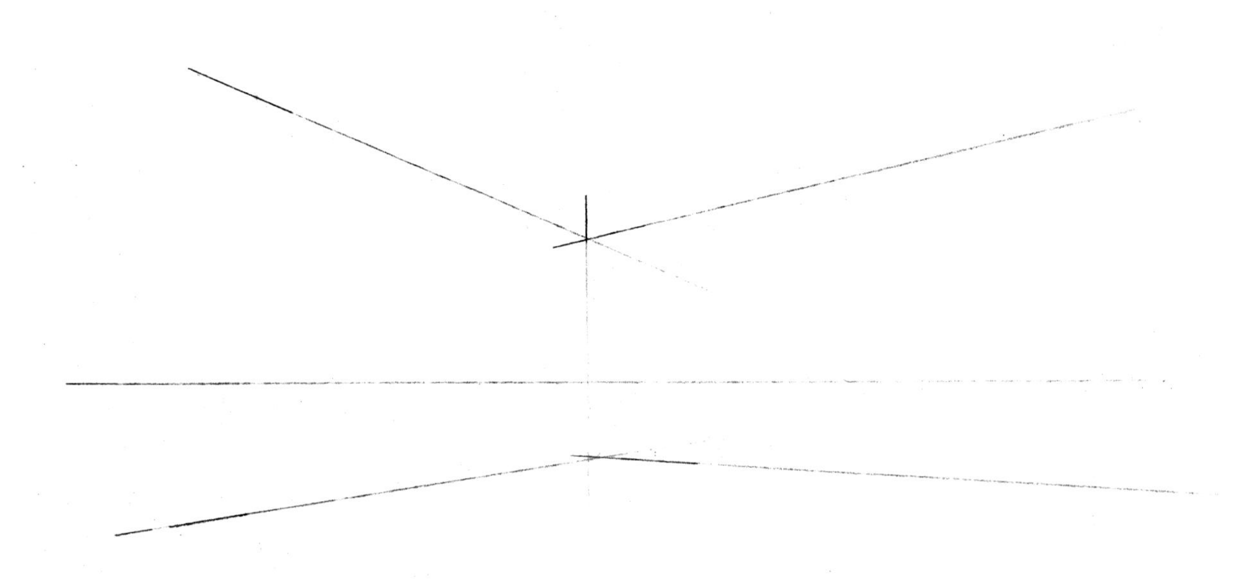

● 真高线不要画得过长，以免影响近处形体的表达。

❷ 用单线条定位墙面造型和地面家具的“投影”。

● 圆餐桌在透视图上的形态属于椭圆形，在绘制时要注意转折处的平衡性，不能画歪；椅子的位置要围绕桌子的圆线进行排布，注意彼此的角度变化和透视关系。

❸ 用单线条概括出空间物体形态，注意形体的尺度、结构转折和透视。

❹ 用绘图笔首先勾出圆餐桌和顶上水晶灯的造型，线条要肯定，同时还要保持灵活性。接着画出空间其他部分的结构关系。

❺ 深入刻画空间，使画面更加完整。

● 重点部分的刻画要表达多个层次，如餐桌椅的阴影排线会比较密集，以此衬托出餐桌椅的造型；用简单的线条概括出转折面，使形体更加结实厚重。

● 为了丰富空间效果，在装饰层面上也要稍做文章，空间的大幅装饰画和地毯纹样被概括成了花纹效果。需注意，在概括过程中不能喧宾夺主，要与整体空间融为一体。

● 为了和重点部位形成对比，空间的其他部分则用单线条概括造型，并不刻画过多的层次关系。

5.3 一点斜透视空间画法——会议室

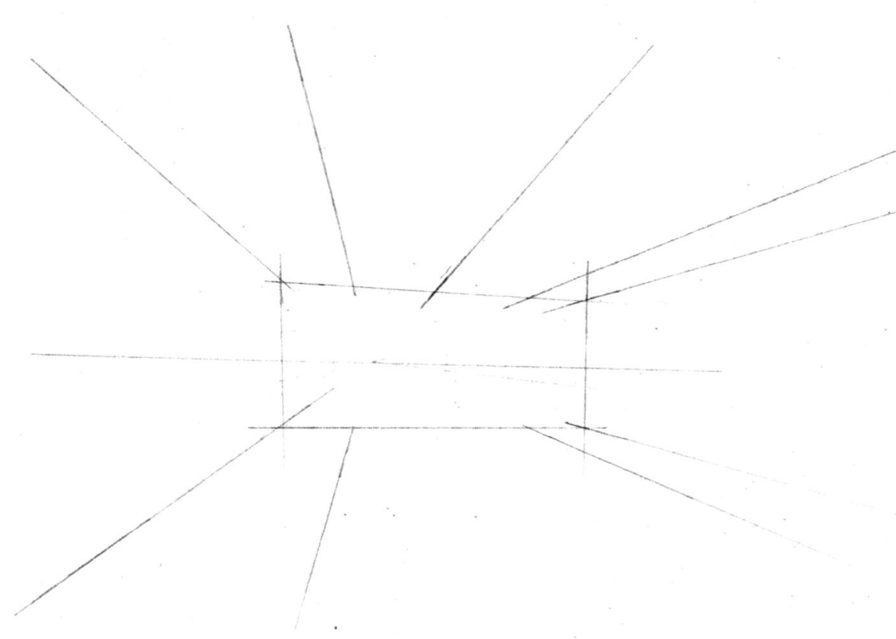

❶ 用铅笔定位空间的基准面、视平线、灭点和透视线。

❷ 用单线条定位墙面造型和地面家具的地格位置。

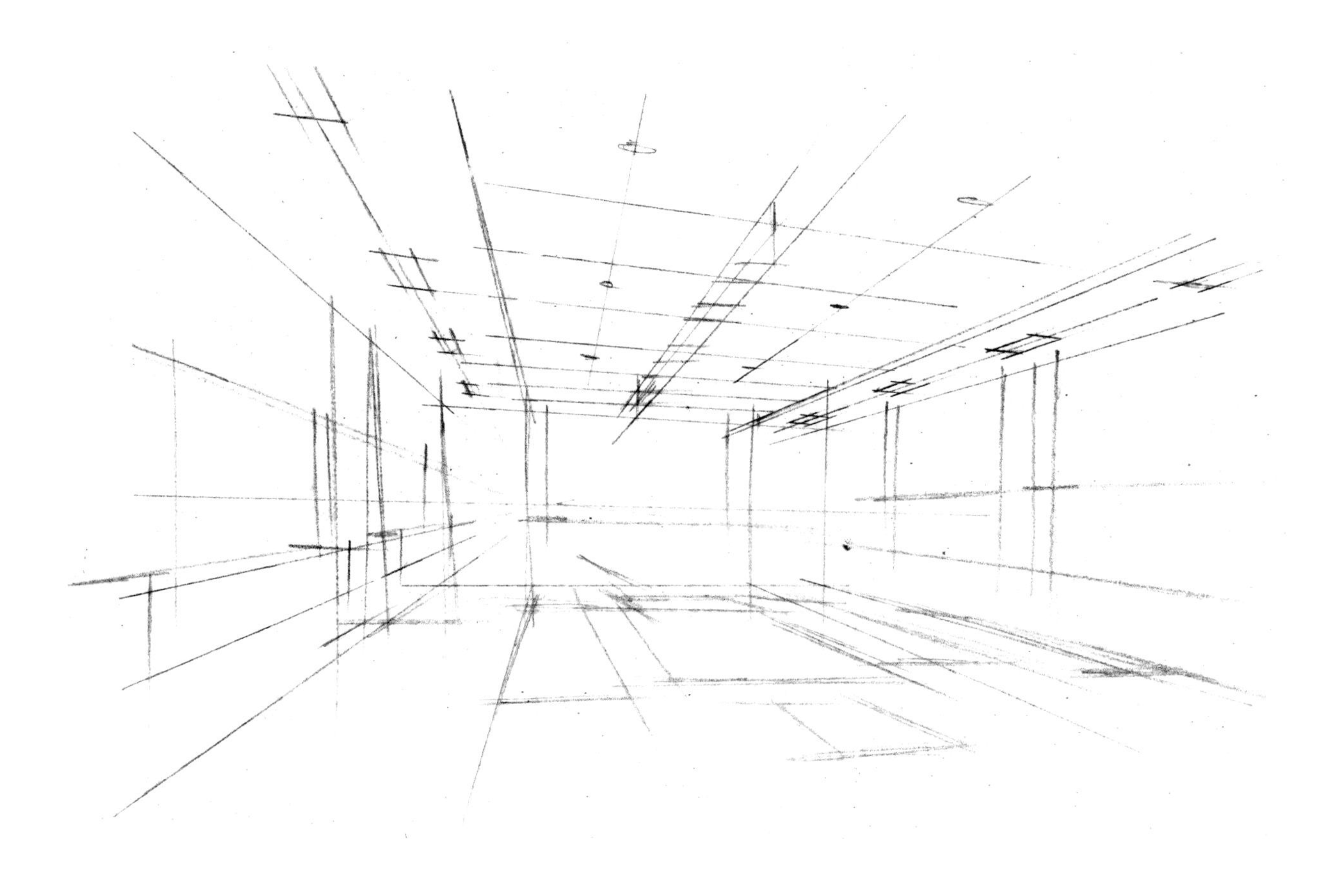

❸ 勾出室内空间的整体框架，会议桌椅部分要重点刻画。

4 用绘图笔画出会议桌椅的轮廓和细节，继而完善空间其他部位的形体的轮廓和细节。注意小块面的细节处理。

● 由于透视角度原因，左侧会议椅与灭点排成了纵向的一字形，因此透视关系变得不太明显。在刻画的时候要注意先将最近处的椅子刻画完整，利用联排扶手转折点的透视关系推向灭点方向，形成微妙的透视进深感，最后刻画椅子腿。注意近大远小和遮挡关系。

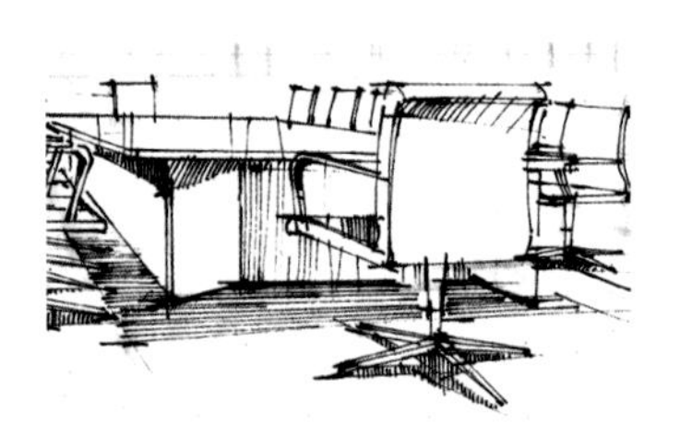

● 由于是重点表达部位，因此会议桌椅的层次必须表达完整，利用黑白灰的对比互相衬托。

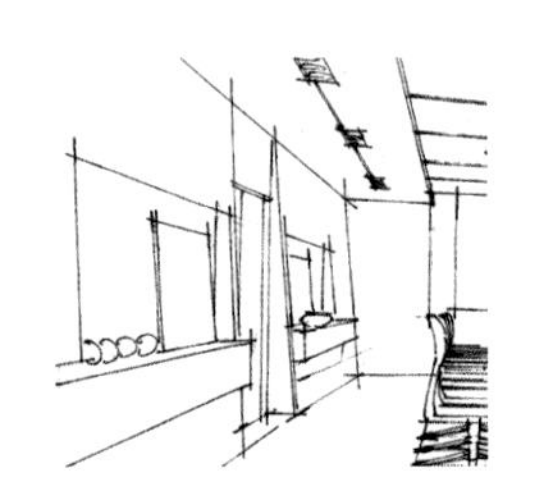

● 与重点部分相比，次要部分要画得简洁，但并不意味着没有内容，该表达的结构关系还是要刻画到位，只是明暗层次关系被省略了。

5 为空间添加阴影效果。

● 重点部分的阴影稍重，层次感强；次要部分的阴影效果要烘托主体，体现阴影关系即可，切勿画“平”。

方案后期表现图空间实例——复式客厅

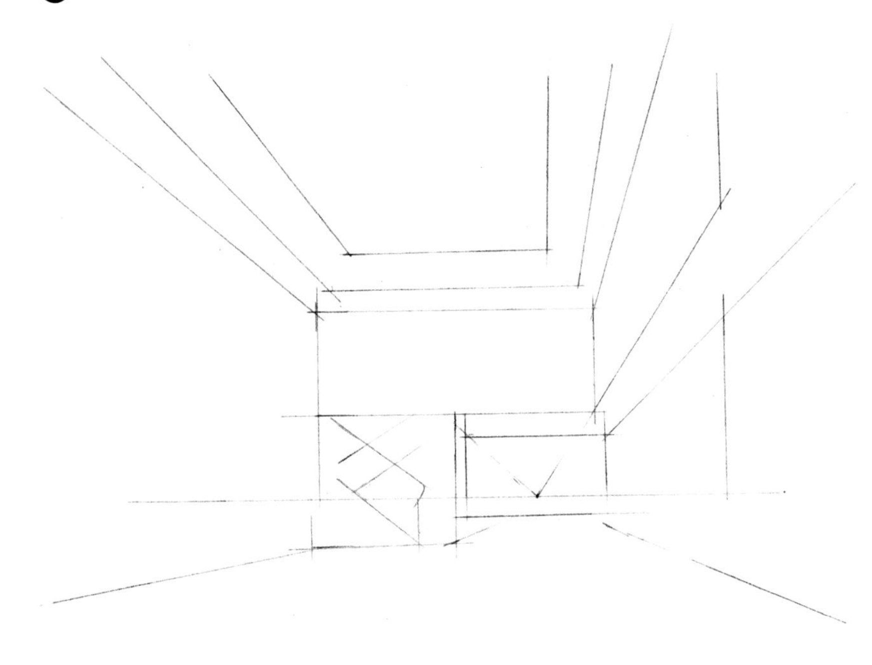

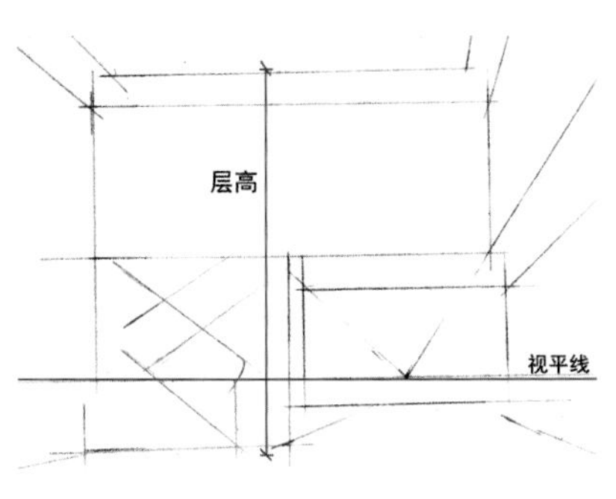

● 这个空间是一个跃层空间，层高为二层，在绘制时要注意视平线仍然要定在一层的墙高偏下的位置。

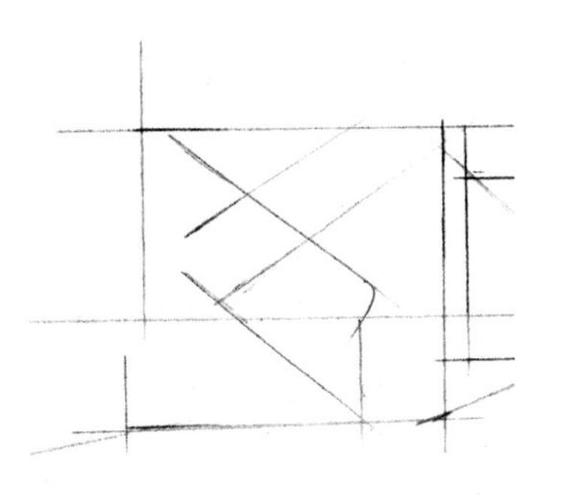

2 刻画空间天花及墙面的造型，还是利用单线条进行概括处理。这一步主要在于定位。

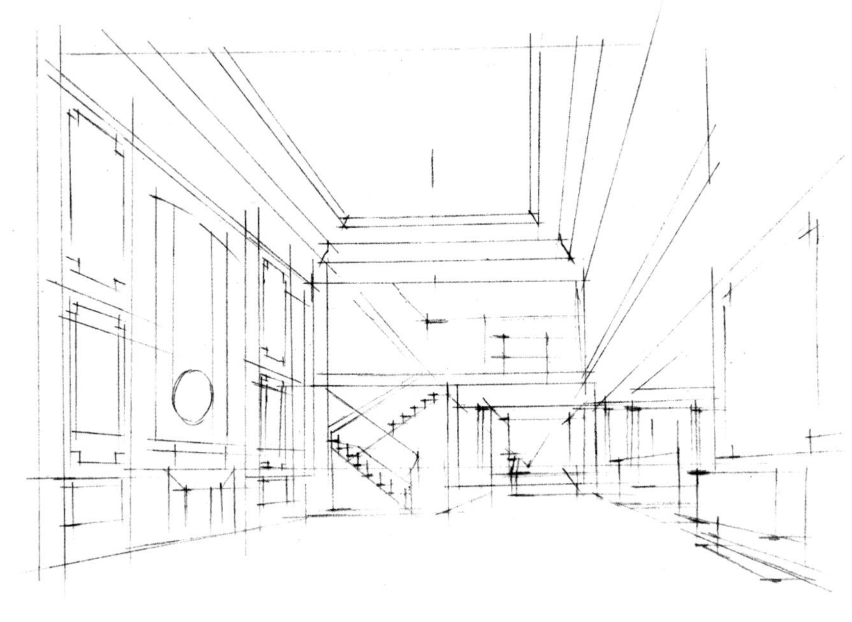

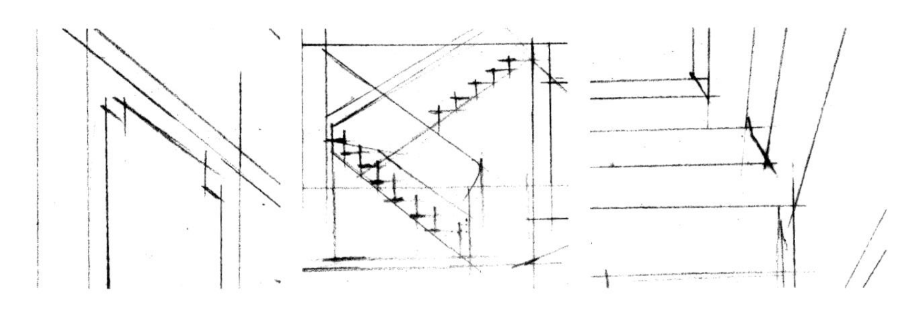

● 注意每个造型的小转折，这是最容易被初学者忽略的地方。

❸用铅笔概括客厅所有家具的造型。

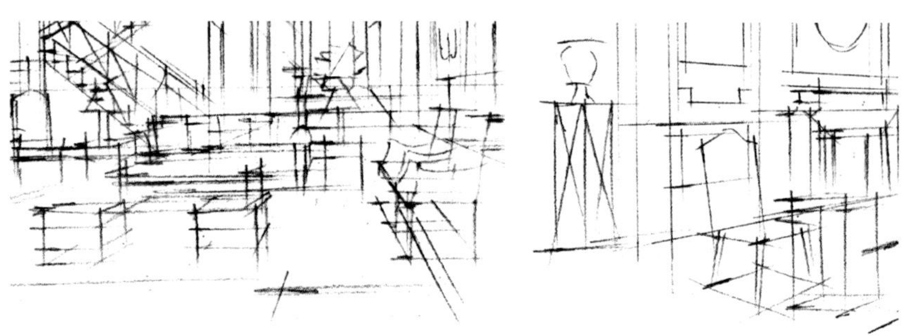

● 由于客厅属于大空间范畴，因此家具的比例不可画得过大，否则会使整个空间尺度产生错误。家具造型首先利用几何形态进行概括处理。

❹用绘图笔刻画空间细节，先从天花板和左侧的墙面画起。继续将右侧墙面和空间远处的细节一一表达出来。

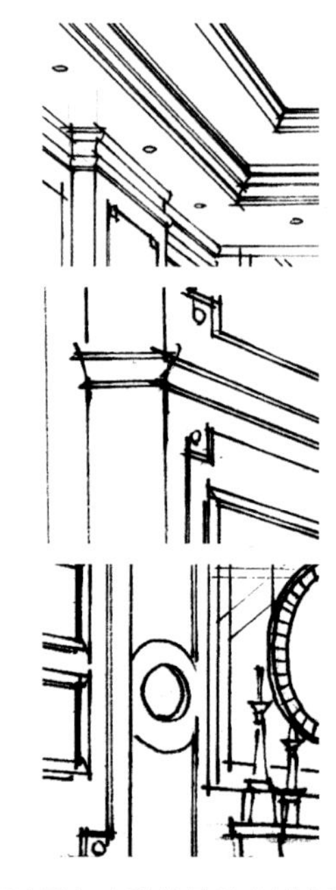

● 勾线时需在底稿的基础上进行细化，形体的构造，天花板、墙面造型的转折和细节，都要体现到位。

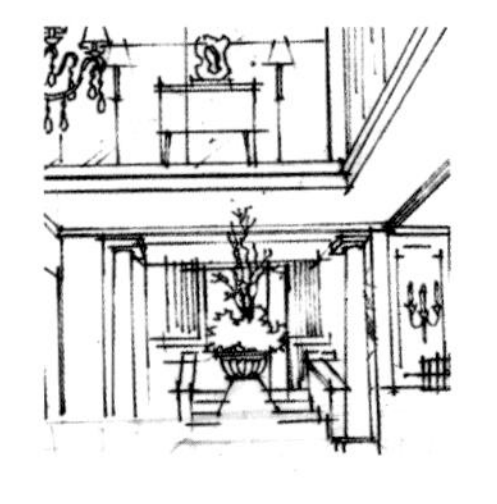

● 远处空间的形体要概括处理，不要画得过细。

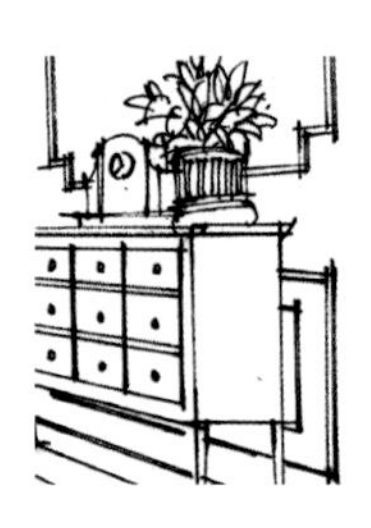

● 右侧空间的细节同样要表达到位，尤其要注意细小的转折部位。

❺ 刻画空间家具的细节，使其形体表达更加完整。

❻ 为画面重点部位添加阴影效果，丰富空间氛围。

● 这张图主要以线条来表达，阴影调子只作为陪衬出现，利用了2B铅笔在家具位置做了点缀，强调了光感，并稍微区分了形体转折和地面反射效果。

5.4.1 体现整体空间关系——大堂空间

以下两个步骤图是针对快速表现的画法，着重讲解在短时间内迅速抓住空间，舍弃不必要的细节，让空间的整体感更强，达到一种快速简洁的效果。下面我们来进行步骤讲解。

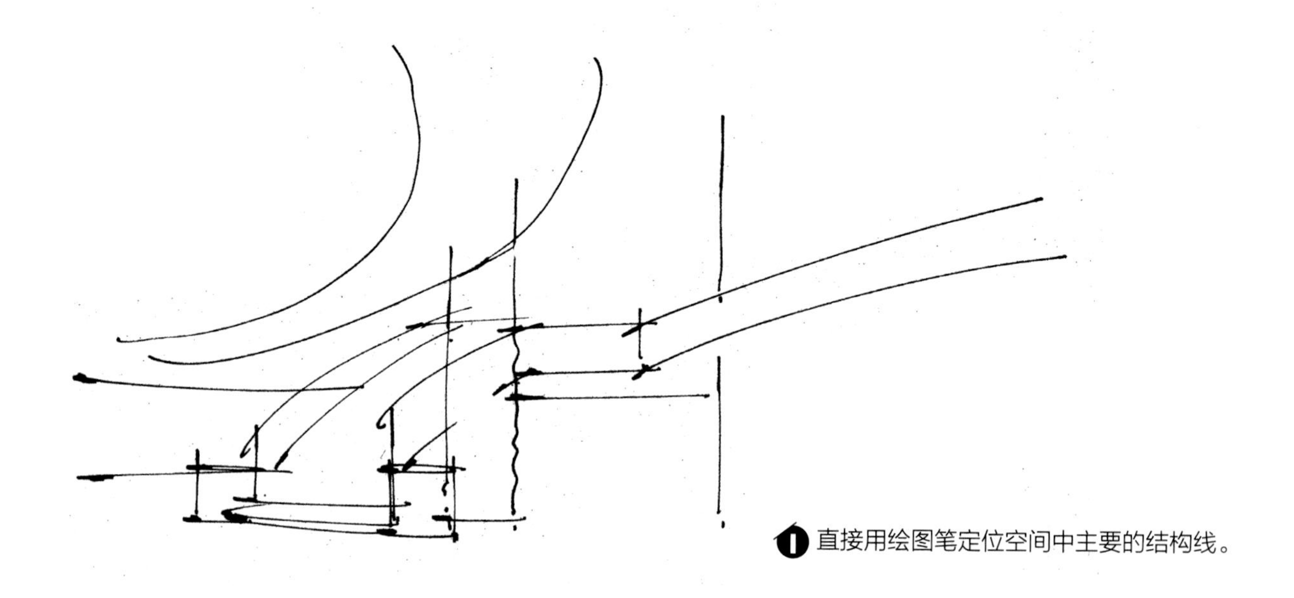

❶ 直接用绘图笔定位空间中主要的结构线。

TIPS

快速表现实际上对画面效果是否美观要求不高，其重点在于脑海中一闪即逝的想法突现的瞬间，能够用画笔去抓住它们并反映在图纸上，表达的是一种想法，因此画法上比较随意、快速，线条处理上更是灵活多变。

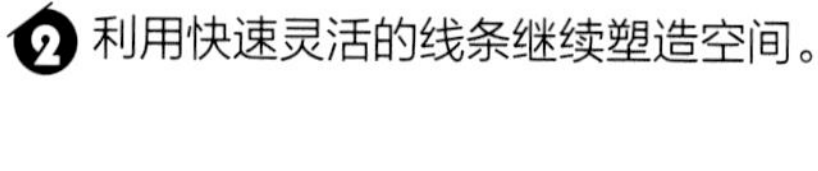

❷ 利用快速灵活的线条继续塑造空间。

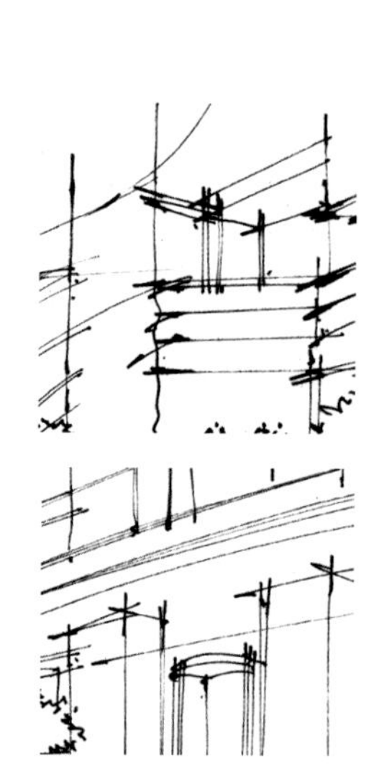

TIPS

很多情况下虽然造型画得不严谨，线条之间也互有穿插，但是只要心中有透视，并且懂得结构关系应该怎样搭接，就不会出现错误。

3 刻画空间细节。

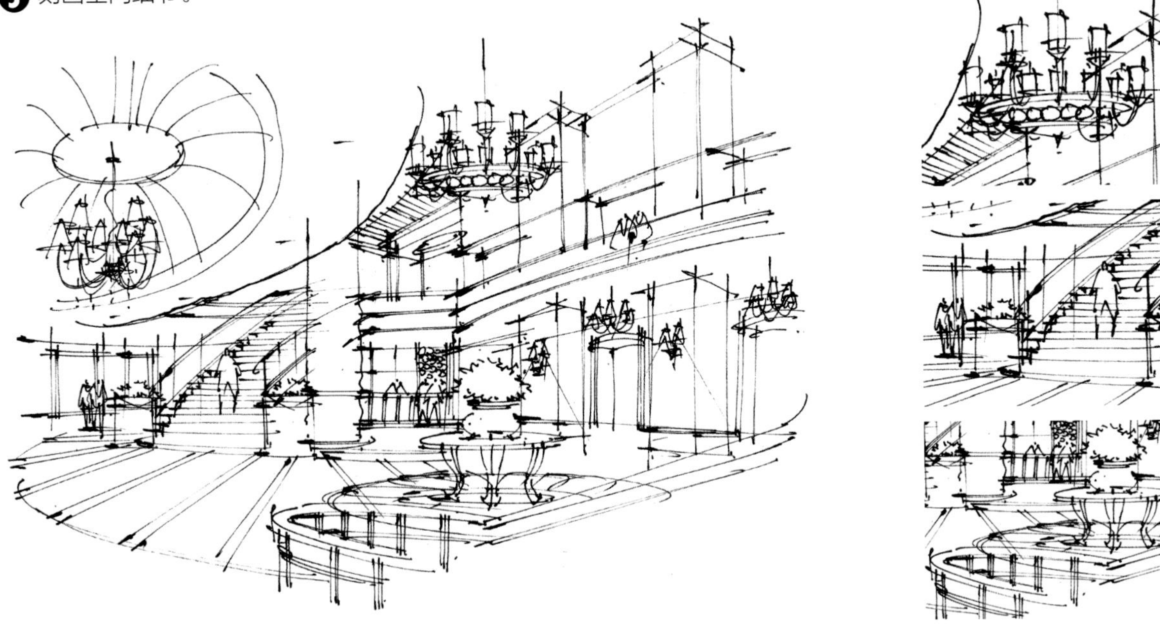

TIPS

所谓的细节表达实际上是完善画面，比较复杂的造型则用概括的线条表达，千万不要出现写实效果。快速表现中线条有时会显得很随意，甚至会显得较乱，但是在不影响结构准确的前提下，是允许这样表现的。

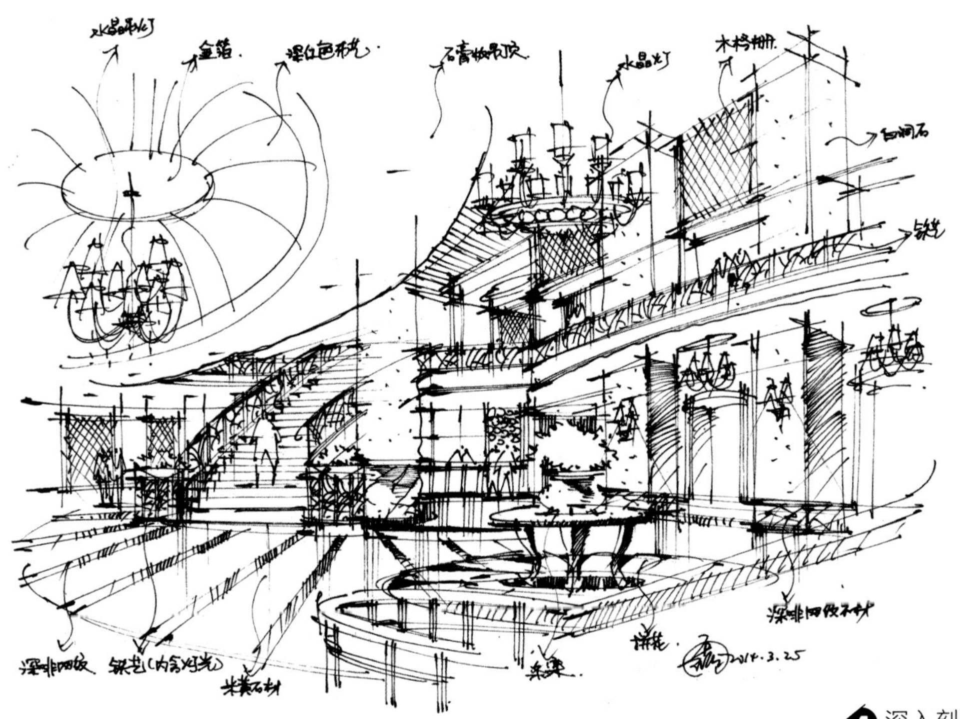

4 深入刻画，并利用标注说明各种材质。

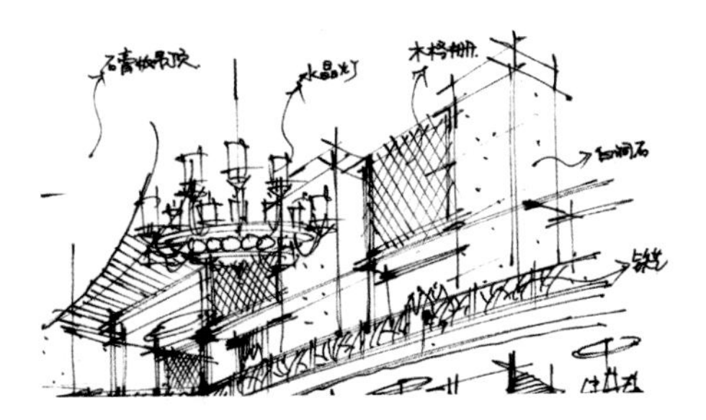

TIPS

由于时间的限制，一般在绘制中很少有精力去细化各种材质关系，因此材质标注配合画面空间成为向甲方传达设计的一种有效的方式。当空间画好之后，可以在材质部位引出线条，顺势标注材质，可以让图纸所传达的意向更清晰，思路更明显。

5.4.2 体现局部亮点设计——商业空间

❶ 用绘图笔画出空间的主要结构线，注意整体透视关系和空间尺度。

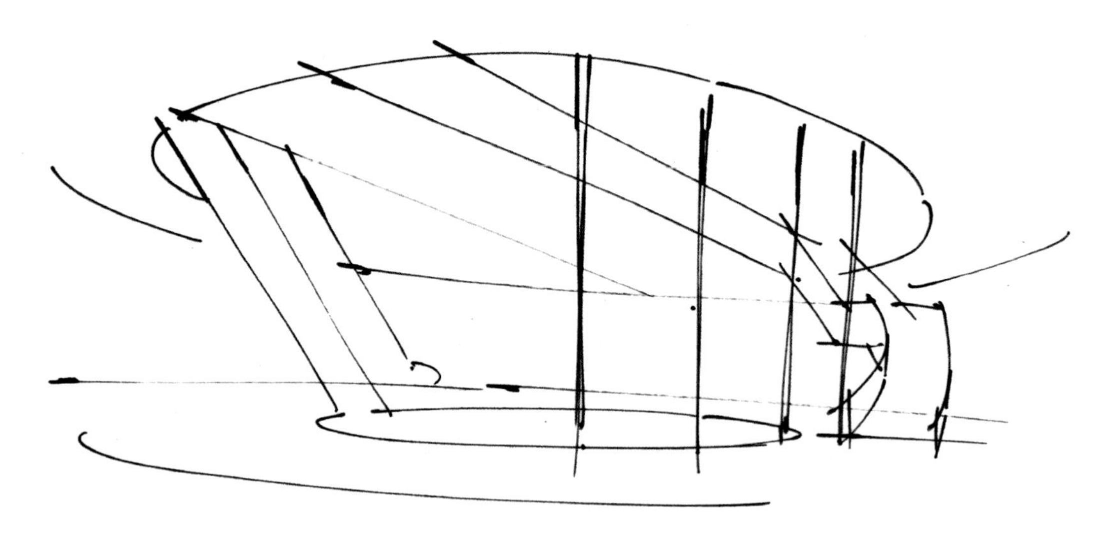

❷ 将水帘、人物和植物灯配景表达出来。

● 水体的边缘属于虚体并且透明，因此水帘的运线要使用虚线处理。

● 人物的画法要概括成符号，只用来衡量空间尺度和增强空间氛围。

3 为画面增加细节并对主要的材质进行标注。

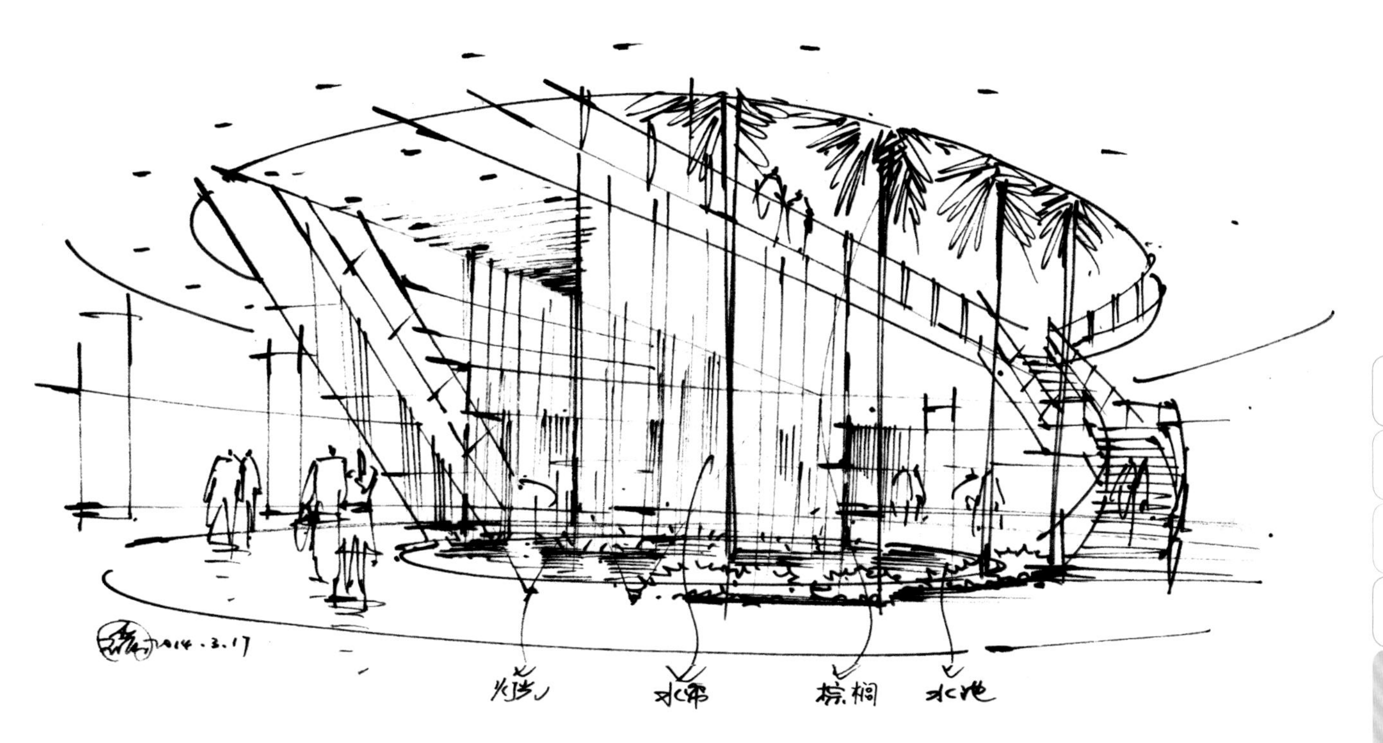

● 被水帘遮挡住的空间利用线条排线概括即可，不做细致刻画。水面的倒影利用横排线自上而下排列。

第6章 实用上色技法

6.1 快速高效的马克笔

马克笔是当代手绘中使用率非常高的表现工具之一，它可以绘制快速草图来帮助设计师分析方案，也可以深入细致地刻画，形成极为丰富的效果图。同时还可以结合其他工具，如彩色铅笔、水彩、透明水色和绘图笔等形成很好的图面效果。这一章我们来深入学习马克笔技巧。首先我们要对工具进行了解。

马克笔的颜色丰富，有灰色系列（暖灰WG和冷灰CG）、蓝色、绿色、红色、粉色、黄色和木色系列等，每个系列的颜色都有对应的色号，方便使用者更好地寻找颜色。

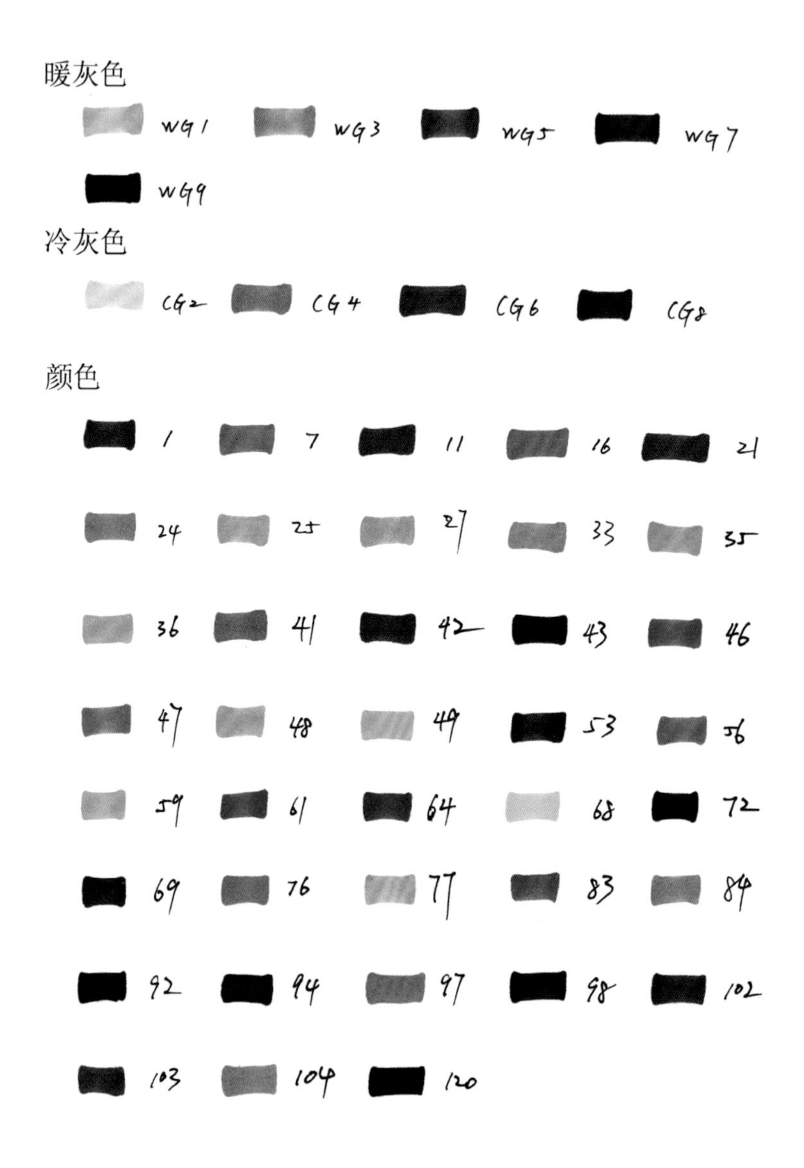

TIPS

需注意的是，马克笔着纸后会快速变干，两色之间会难以融合，因此不宜多次叠加颜色。另外，马克笔的笔头较小，不宜大面积着色，且排笔时要按照各个块面结构有序地排整，否则容易画乱。最后，建议大家选择颜色时要多用偏灰的颜色，避免用过于艳丽的颜色。

留白是马克笔表现的特点之一，同时也是难点。由于马克笔覆盖力差，且质地多由酒精和油性构成，因此一般的白颜料很难在上面叠加，这就需要我们在绘图中多以“留白”来体现受光面和高光部位，这样也能够让效果图显得更有“巧劲儿”。另外，还可以选择高光笔和修正液来做提白。

TIPS

留白是马克笔最常用技法之一，一般用来处理受光部分和高光部分。

TIPS

有时为了体现更强烈的光效或者某些特殊材质，我们可以利用修正液（高光笔）进行提白，这也是常用的表达手法之一。

下面我们来观察下马克笔的笔头形态。

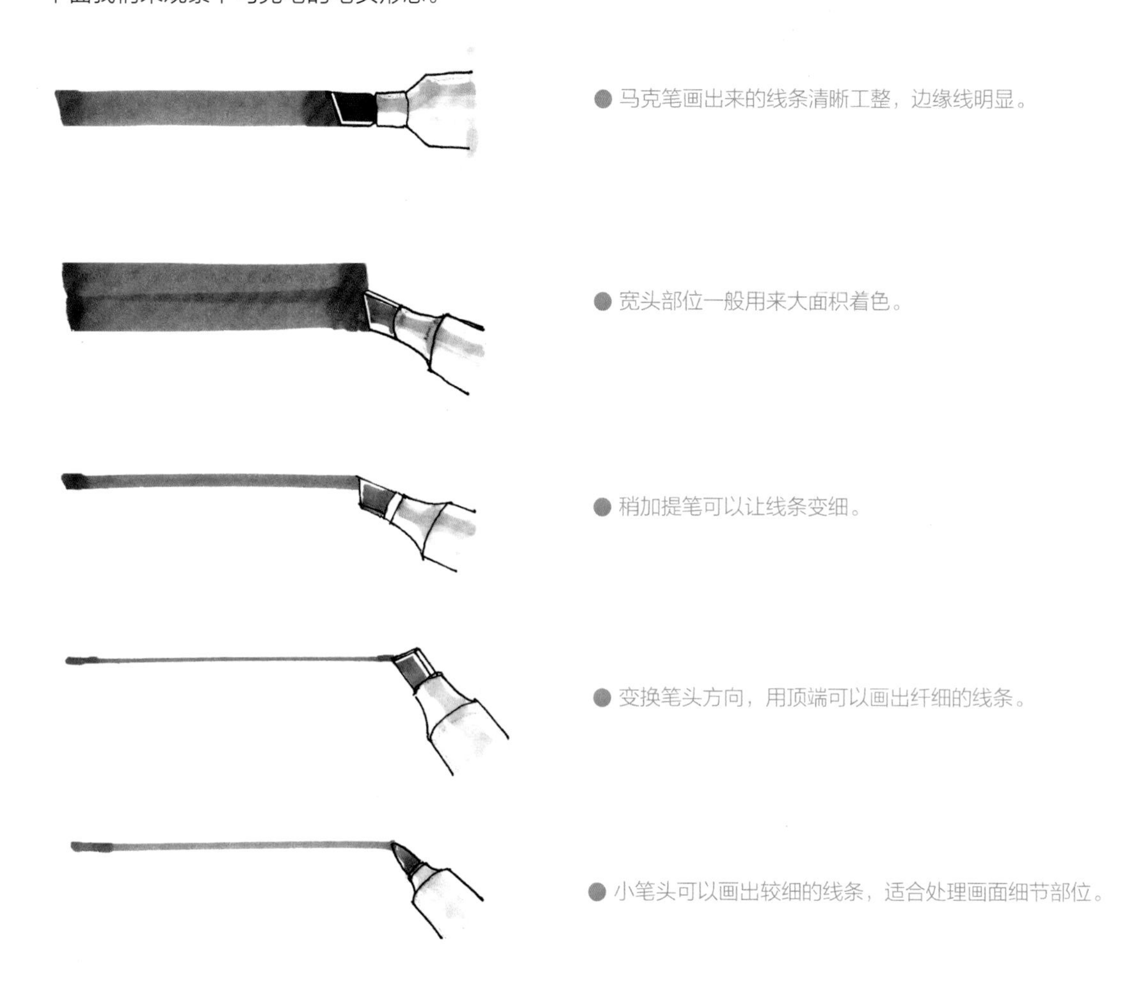

6.1.1 马克笔的笔触讲解

6.1.1.1 摆笔法

摆笔法是马克笔的最基本笔法形式。这种形式就是线条简单的平行或垂直排列，最终强调面的效果，为画面建立秩序感，每一笔之间的交接痕迹会比较明显。

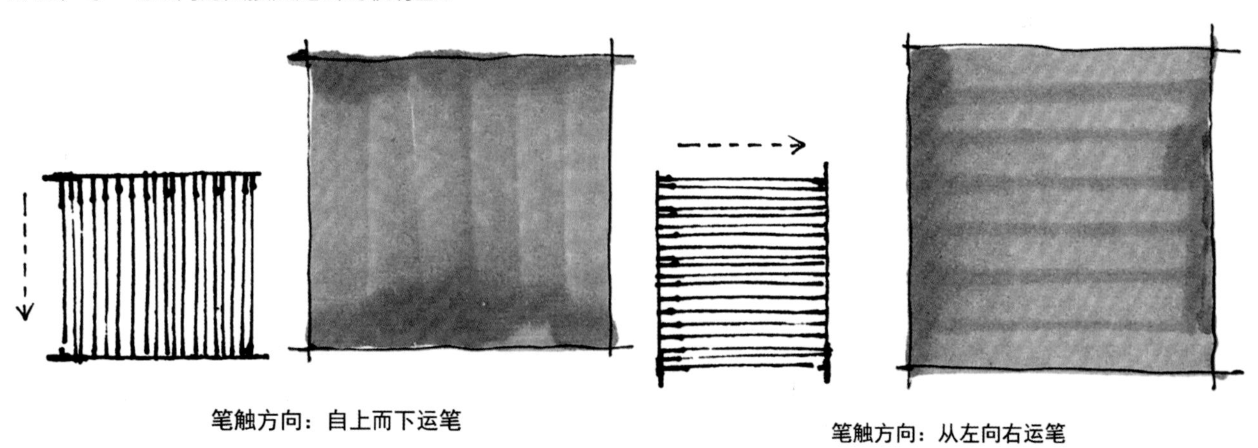

笔触方向：自上而下运笔　　**笔触方向：从左向右运笔**

马克笔的摆笔强调快速、明确、一气呵成，并追求一定力度，画出来的每条线都应该有较清晰的起笔和收笔的痕迹，这样才会显得完整、有力。运笔的速度也要稍快，这样才能体现干脆、有力的效果。切勿缓慢的运笔，这样会使笔触含糊不清，显得很腻。对于一些较长的线条也应该快速画出，一气呵成，中间尽量不要停笔。这个技巧需要大家平时多多练习。

● 运笔时要肯定、有力，叠加的线条之间会有明显的笔触痕迹。

● 过于缓慢运笔会导致线条过腻，含糊不清。

● 摆笔法举例

另一种摆笔法是讲究过渡效果，当遇到过大或者过长的块面时，笔触上要做出变化，强调层次感。具体的做法是：当笔触摆到块面一半左右的位置时，开始利用折线的笔触形式逐渐地拉开间距，以近似“N”字形的线条去做过渡变化。需要注意的是，收笔部分通常以细线条来表现。

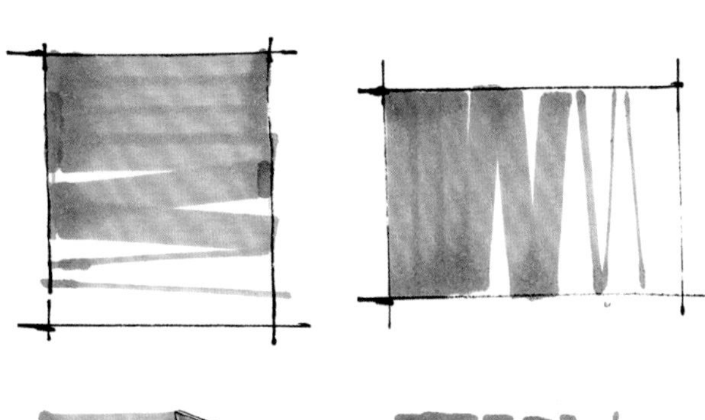

● 这种笔触方式灵活自如，层次感强。摆笔过程中要注意线条的斜度变化，细线部分用马克笔笔头刻画即可。需提醒一点，细线条不宜过多，以免体块显得琐碎。

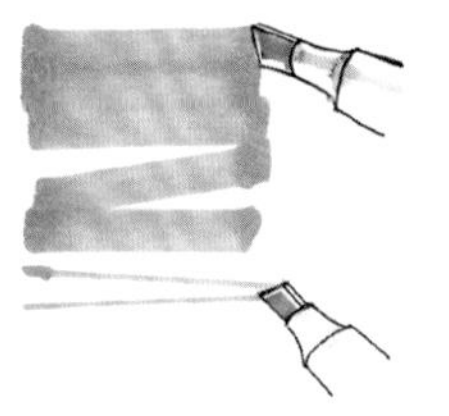

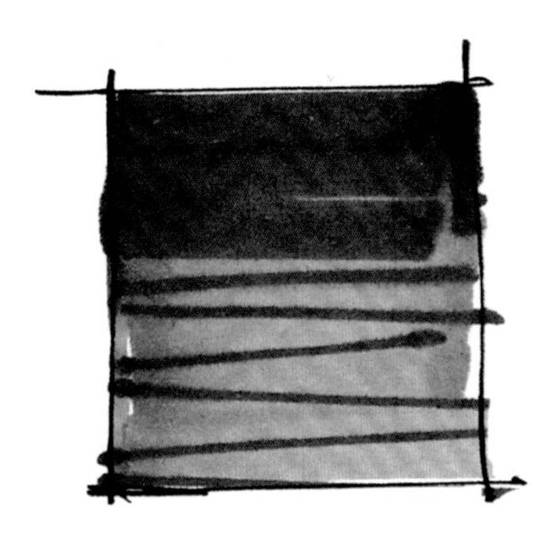

● 太过刻意强调笔触过渡，导致块面琐碎。

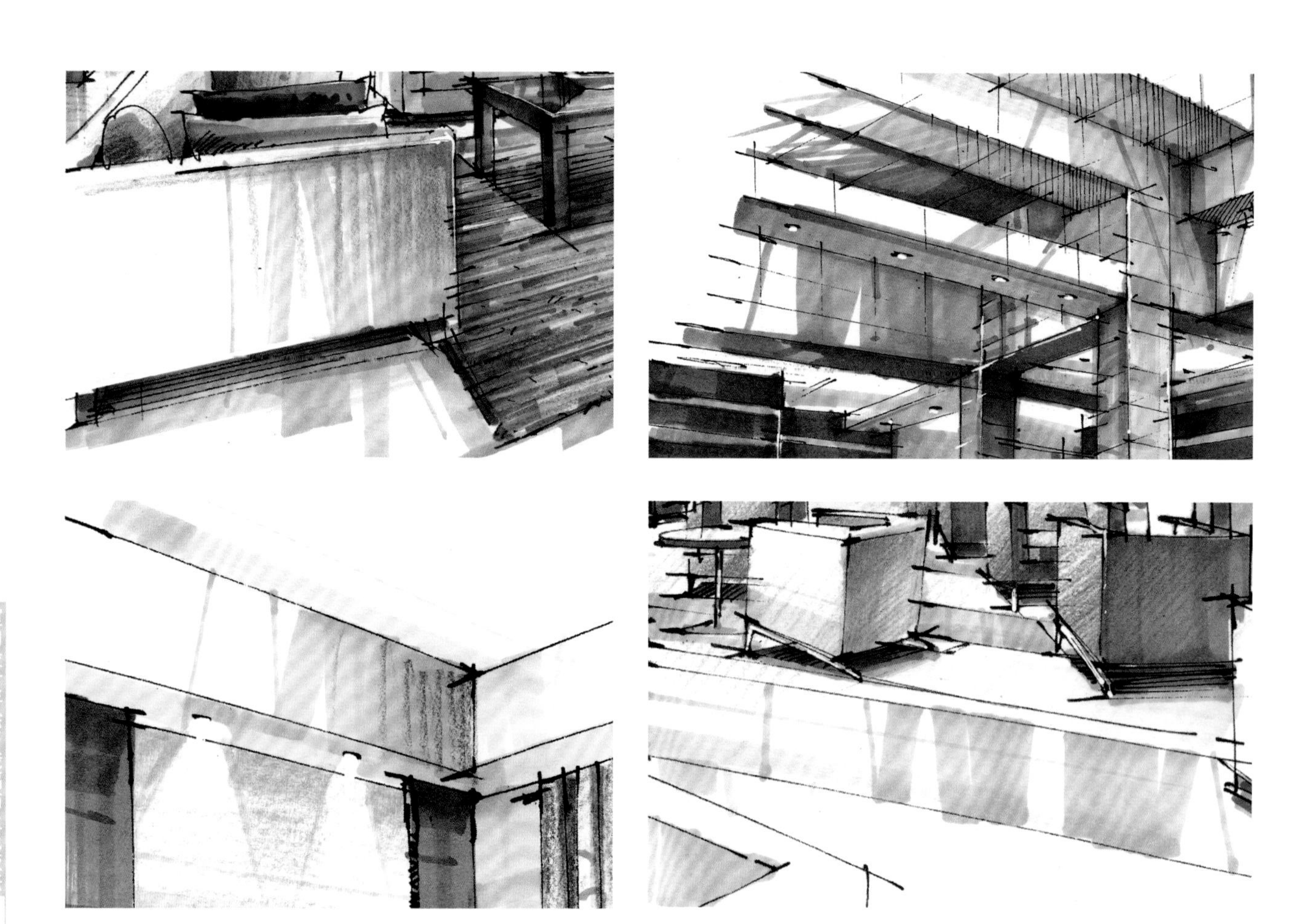

● 笔触过渡示范举例

6.1.1.2 扫笔法

扫笔的方法是起笔稍顿，然后迅速运笔提笔，速度要比摆笔更快且无明显的收笔痕迹。无明显收笔并不代表草率收笔，它也是有一定方向控制和长短要求的，为的是强调明显的衰减变化。

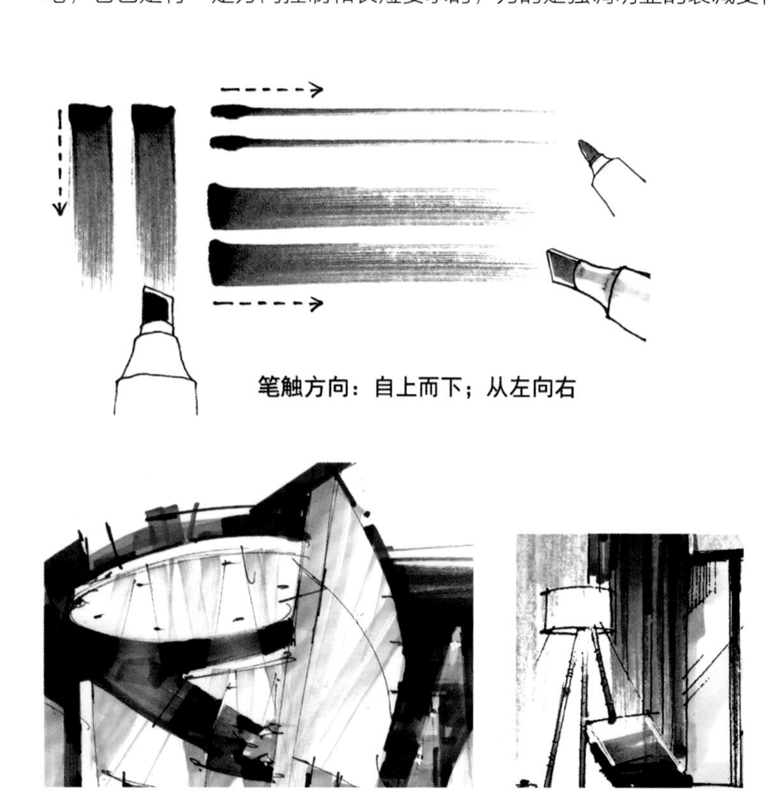

6.1.1.3 点笔法

点笔常用来刻画绿植或装饰花纹，其特点是笔触不以线条为主，而是以笔块为主。在笔法上是最灵活随意的，这一点也值得初学者注意。点笔法虽然灵活，但是也有方向性和整体性，要控制好边缘线和疏密变化，不能随处点笔，会导致画面凌乱。

● 笔触按照物体结构形式摆笔。

● 笔触由粗到细，体现过渡变化。

6.1.1.4 笔触组合方法

马克笔笔触还可以根据需要进行叠加组合。叠加能使块面关系更加丰富，过渡清晰。有时为了强调更明显的对比效果，体现丰富的笔触，我们会选择在第一层颜色铺好后再叠加另一层。

● 笔触叠加举例

TIPS

叠加颜色时，不要完全覆盖第一层底色，要注意笔触渐变，保持“透气性”。

TIPS

第二层颜色叠加的时候不要选择比第一层底色浅的色号，那样会导致笔触变腻。

6.1.2 马克笔笔触画法示范举例

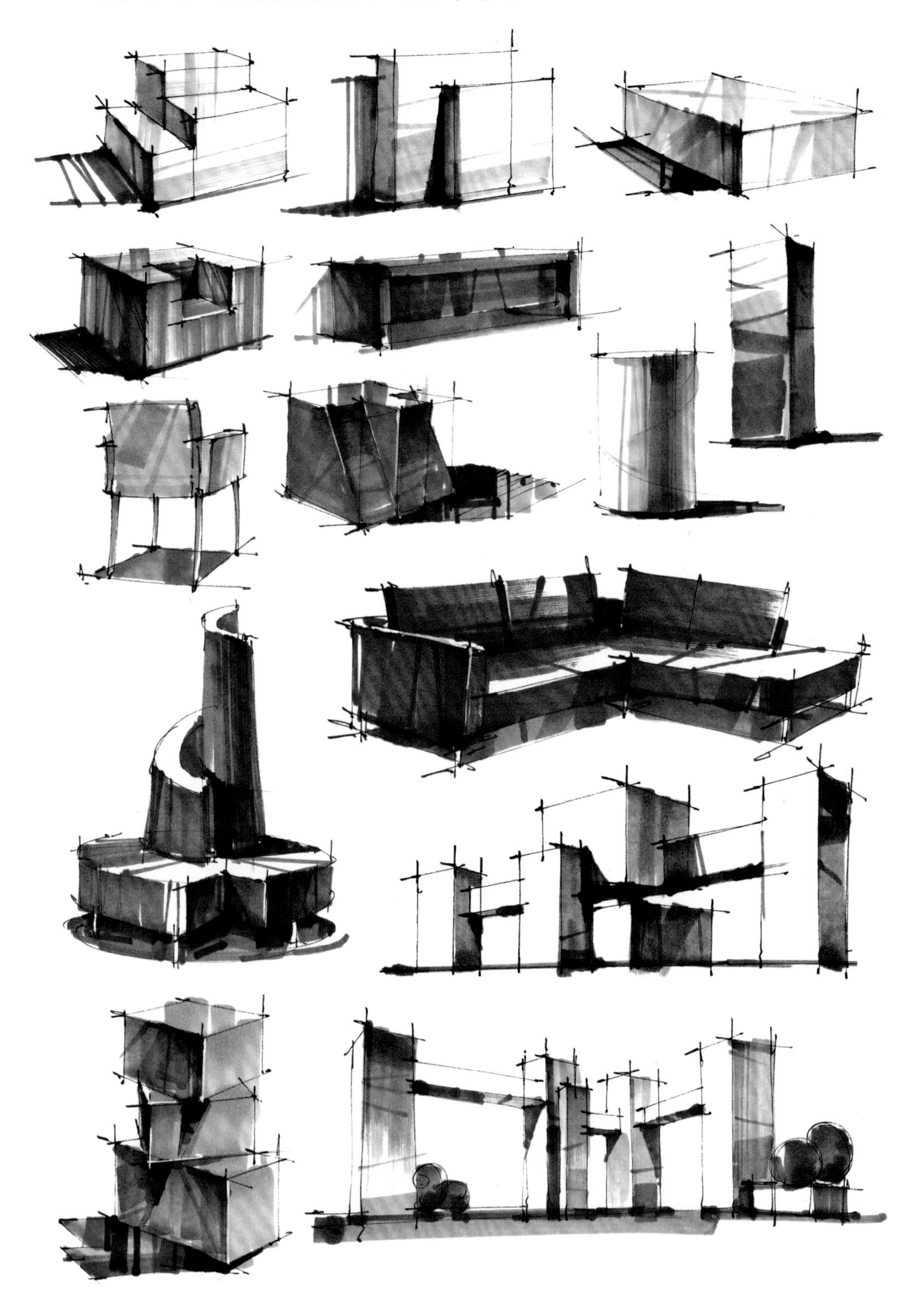

6.2 细腻柔和的彩色铅笔

6.2.1 彩色铅笔的特点

彩色铅笔是非常容易学习和使用的工具，就它的使用本身来讲没有什么复杂的技术可言，只要笔触排列有方向、有秩序、不凌乱就可以了。同时，彩色铅笔相对于马克笔来说比较好控制，可以弥补马克笔在处理难以把握的色彩过渡和渐变关系时的不足，也可以在马克笔快速完成色块的铺垫之后，起到过渡、完善、统一画面的作用。有的时候我们也可以直接选用彩色铅笔进行着色，同样可以达到增强空间感的效果。

● 以彩色铅笔为主的表现图

6.2.2 彩色铅笔笔触讲解

最基本的彩铅笔触就是像素描那样统一方向的排列，下笔时要注意轻重缓急，可以做出渐变的效果和多层叠加的效果。

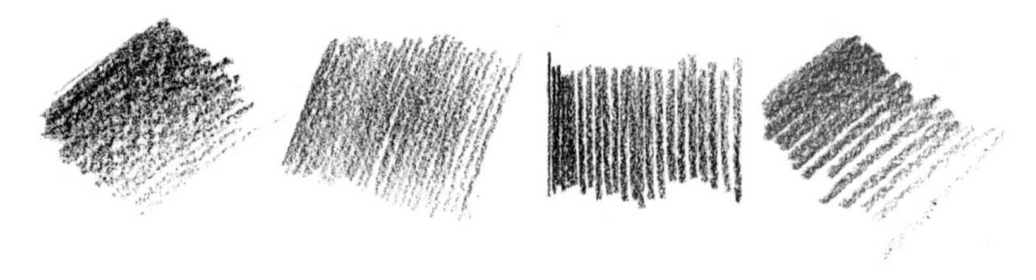

TIPS

彩色铅笔排线方向较自由，无论选择什么方向，都要注意笔触的整体统一。

● 较统一的排线可以体现画面整体感和平衡性。

● 运用叠加排线可以体现丰富的层次变化，也可以体现彩色铅笔的线条感。

● 同一颜色的彩色铅笔通过下笔力度的不同，可以体现出丰富的明暗层次效果。

● 较细腻的彩色铅笔笔触可以体现完整而厚重的块面效果。

彩色铅笔的笔触有时还需要随着形体的变化而调整，我们要学会灵活地控制笔触方向，让图面更加和谐。

6.2.3 怎样和马克笔有效结合使用

在绘制效果图时，马克笔和彩色铅笔可以结合使用，用马克笔留出“飞白”的同时加入彩铅效果，可以很好地体现颜色过渡，同时也能柔滑较为明显的马克笔笔触。

有些初学者对于先上彩铅还是后上彩铅感到非常迷惑，在处理画面时往往抓不到要领，在这里给予一些提示：先上彩铅的好处是能够简单并肯定地定位空间基本色调和光线变化。例如，有的初学者对马克笔有恐惧感，生怕铺色调的时候画错，这时，先用彩铅将空间的基本色彩铺好，再用马克笔点缀就可以了。

● 利用彩色铅笔定位空间的基本色调。

TIPS

但需注意的是，用彩铅铺满画面的同时不要再用马克笔全部覆盖，这样就达不到彩铅绘制的效果了，画面看起来也会发腻。只需要利用马克笔点缀暗部和灰面过渡变化就可以了。

● 利用马克笔点缀过渡面和暗面效果。

先用马克笔再用彩铅的效果是让颜色渐变变得更加柔和，笔触不会显得生硬。或者说，有一些比较粗糙的材质，利用后续加入彩铅笔触，可以体现其粗糙的纹理效果，如地毯、布艺和壁纸等。

不同的空间效果需要不同的技法来表现，希望同学们在练习时多做尝试，争取做到自如运用，举一反三。

6.3 高效色彩上色的注意事项

在用手绘表现时，可以参考以下几点注意事项。

❶根据空间色彩的定位和需要，可以先抓住物体的固有色进行大面积着色，在这一步中要注意亮部留白，与灰面和暗面要有明显的色彩区分。

● 酒吧空间设计草图 作者：刁晓峰

❷马克笔不具备较强的覆盖力，淡色无法覆盖深色，因此上色时首先要从浅色着手，然后逐层叠加深色。要注意：一个块面最多需要叠加三层颜色，过多的叠加容易混淆块面色彩，笔触也会变腻。

❸用马克笔表现时，大多是以排笔为主，所以排笔的方向、力度、疏密要控制好，并尽可能地按照形体结构和透视方向去运笔，这样有利于形成统一的画面风格。

● 上色步骤由浅入深。

❹ 笔触按照透视方向进行排笔，整体走向显得统一。

● 笔触富有疏密变化，效果显得丰富、耐看。

❺ 单纯地运用马克笔可能无法完全达到预期的效果。因此，要结合彩色铅笔和绘图笔等工具同时使用，有时也需要用高光笔提亮来加强黑白灰的层次对比。

❻ 运用马克笔、彩色铅笔和高光笔（修正液）结合的方式进行表现，工具之间能衔接自如，效果也显丰富、完整。

第7章 室内空间着色实用讲解

7.1 严谨细腻的着色方法

严谨细腻的表现手法一般用在后期表现图中。在前期方案确定之后，为了表现最终设计成果而采用深入刻画的方式来进行表达。其中灯光的处理和材质效果均体现得面面俱到，线稿的绘制则相对严谨，结构表达得也非常清晰，完整地展示出了设计空间的最终效果。这种类型的效果图最适合初学者学习，以下三节我们将着重对这一类型的表现图进行讲解示范。

7.1.1 严谨细腻的着色方法——欧式风格室内设计

该场景为典型的欧式风格室内设计。线稿采用一点透视的角度进行绘制，使空间的视域变大，进深感强。同时采用了尺规与徒手并用的表现形式，直线肯定有力，没有过多的调子，为后期上色腾出了很大的空间。颜色方面，整体空间为红棕色调，且材质丰富多样。能否准确地归纳好空间色彩和营造出良好的环境气氛，以及是否能够生动地刻画出各种材质质感，是该场景表现的难点与重点。下面我们就开始针对该空间进行着色的步骤解析。

1 画出天花板的灯光效果。

● 灯带的效果用淡黄色彩铅轻轻画出，笔触要柔和。

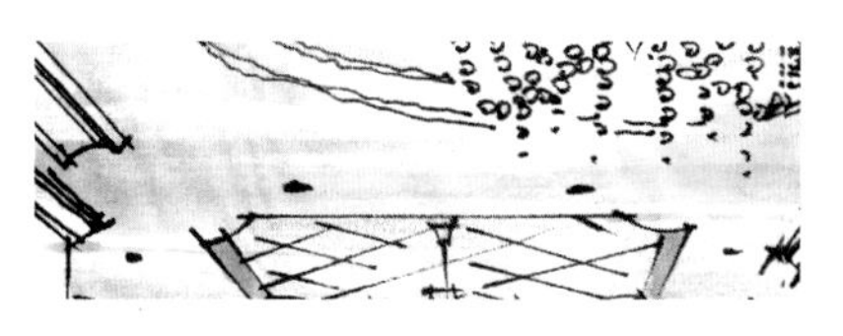

● 为了配合灯光效果，天花板的马克笔笔触用“扫笔”的方法表现。

❷ 利用彩铅和马克笔结合画出空间家具及墙面的基本颜色。

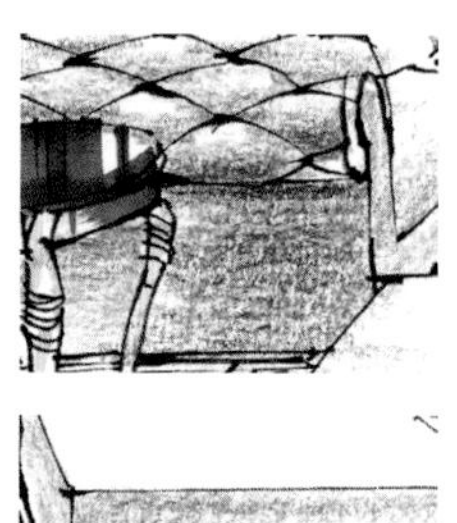

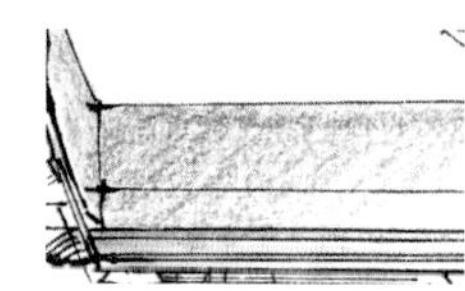

● 开始阶段应注意不要拘泥于细部，要体现彩铅柔和渐变的优势，抓住整体颜色进行通涂，无需过多强调明暗关系。

● 马克笔的笔触要干脆、利落且整体，表现出大的体块关系。整体笔触以"摆笔"的方法表现。

❸ 利用马克笔和彩铅进行融合，体现较强的层次关系。

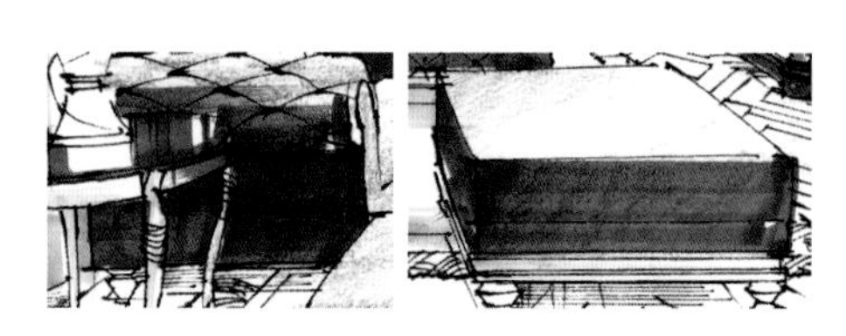

● 家具大面积的笔触还是以"摆笔"为主，暗部和亮部暂时不做过于明显的区分。

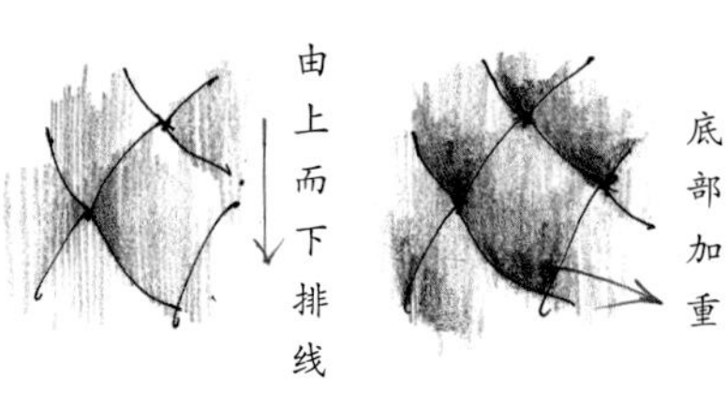

● 电视背景墙面的软包利用彩铅和马克笔结合的方式画出表皮的材质效果，用笔要灵活，体现皮纹的光滑效果，亮部要注意留白。

● 黄色石材利用偏重的颜色画出暗部效果，在叠加时要注意笔触变化。

4 对画面进行综合绘制，加强画面的色彩关系。

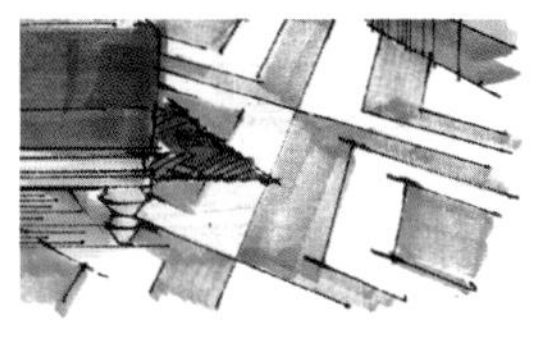

● 利用木色马克笔对地面砖的纹理进行绘制，笔触整体排列即可。

● 远处的地面虚化，近处的地面略微强调层次感。

● 深入软包的材质效果，暗部继续加重，彩铅和马克笔并用，亮部利用淡黄色彩铅画出受光效果。

● 加重空间物体的暗部效果，拉大空间的明暗关系，在分清层次的同时，注意光源对于家具和空间的影响，使空间更加具有氛围。

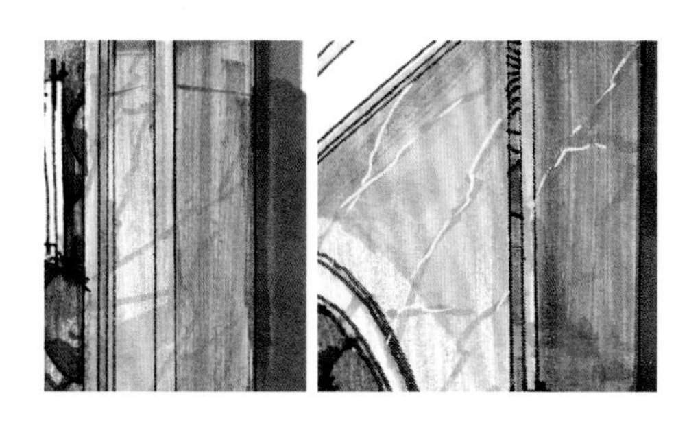

● 墙面石材造型利用马克笔画出材质的纹理效果，用笔要灵活自然。

5 对画面进行深入刻画，并着重处理空间材质效果。

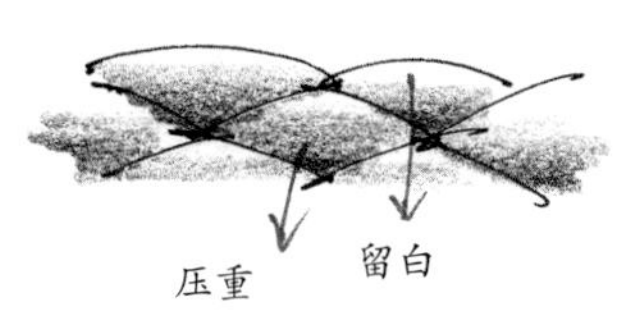

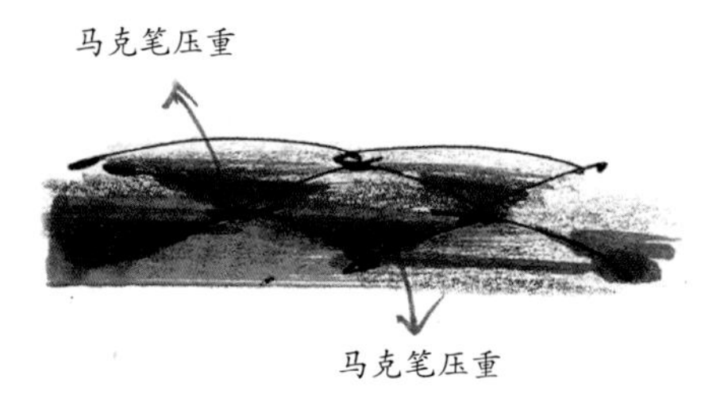

● 沙发部分利用彩铅和马克笔结合，强调凹凸效果，并体现其光感，暗部利用暖灰色继续加重，同时注意叠加时笔触要有变化。

● 窗帘利用稍重的颜色画出暗部效果，笔触利用马克笔细头以“扫”为主。

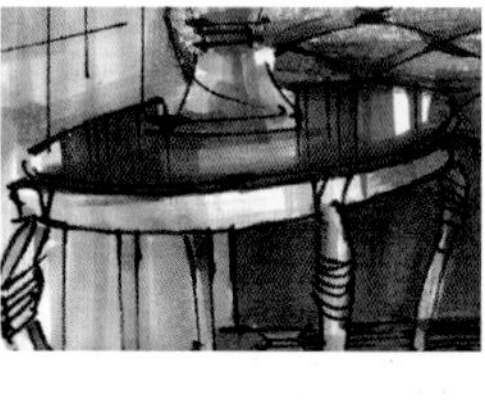

● 茶几台面利用竖向摆笔体现反射效果，同时注意周围环境色的融入。

● 灯具利用淡黄色画出受光部位，再利用黄灰色画出水晶灯表面固有色。

● 刻画空间较远的部位时，可利用大笔触概括表达，不需要细致刻画，与近处的空间进行虚实对比。

❻ 调整画面层次，使画面更加完整。

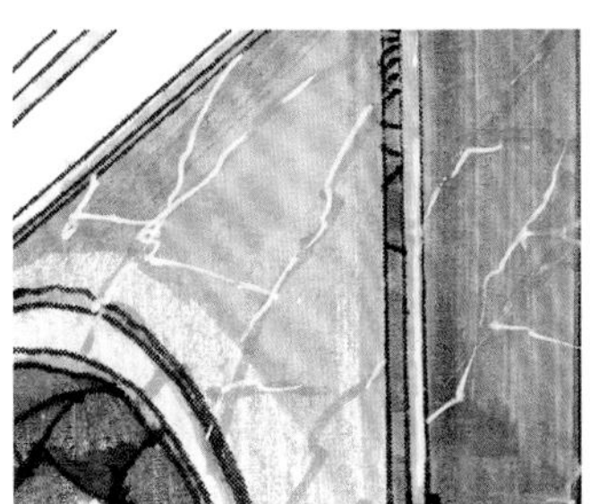

● 电视背景墙的石材纹理再次利用高光笔进行纹理刻画，注意整体不宜刻画过多，点到即可。

● 对空间物体的转折部位、高光部分和灯光部分加入高光笔的刻画，使空间看起来更加完整，提高画面品位。

7.1.2 严谨细腻的着色方法——冷色调现代客厅

这套客厅我们以黑白色彩为基调，并打算处理成冷色系的室内空间，在绘制时要注意对整体色彩和色调的把握。线稿部分绘制得较中规中矩，结构表达也相对严谨，没有过于奔放的线条，这样的处理方式能够让马克笔更自然地与线稿搭接，形成一种完整、细腻的效果。

❶ 由于空间色调属于冷色，因此我们选择冷灰色（CG系列）开始对整体空间的黑、白、灰进行区分，笔触以摆笔为主。

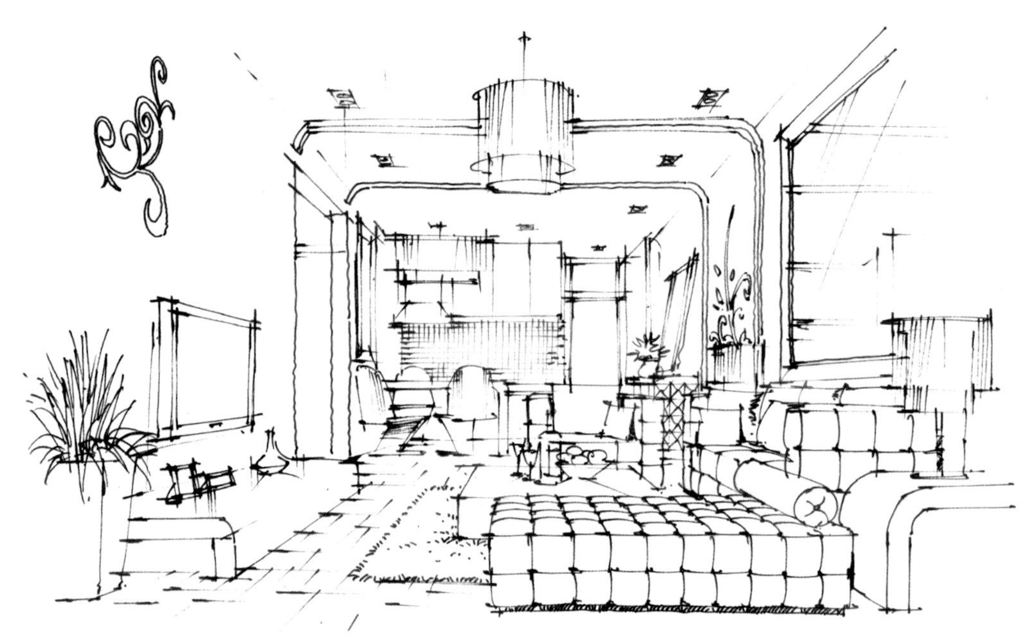

● 白色物体的亮面（受光面）在最初上色时就要保持留白状态。

● 深色沙发的亮面需要用较浅的灰色平铺，只要和灰面、暗面有明显区分便可。

❷ 在空间中适当加入暖色，体现受光效果，并利用淡黄色彩铅画出灯光部位。

❸ 加重暗部效果，加强黑、白、灰的层次关系。

● 暗部颜色在叠加的时候不要完全盖住之前的底色，要有笔触变化，这样能够体现暗部的层次关系。

● 镜面利用摆笔的方式画出反射的效果，注意不要强化边缘线，因为反射毕竟属于虚体，利用笔触表现出意向便可。

❹ 深入刻画空间材质效果，加强空间氛围。

● 为了加强光照效果，在受光的边线部位利用马克笔再次叠加，拉大明暗反差。

● 黑色材质的暗部继续加重，加强黑、白层次对比，并挤出相邻物体的边缘线，让形体更加清晰、明了。

● 局部的亮面可利用高光笔（修正液）点缀。

● 局部的装饰物利用纯色加以点缀，和整体空间的黑白色彩进行对比。

● 白色物体的亮面始终保持留白，在装饰品的下面添加笔触体现反射效果。

● 利用马克笔和彩铅结合的方式加强镜面反射的层次，让材质感更加真实，最后利用高光笔去点缀镜子表面的花纹。

7.1.3 严谨细腻的着色方法——高级酒店大堂空间

这张表现图的线稿同样绘制得很严谨，结构与细节都表达得比较充分，目的是为了与后期严谨的上色方式进行很好的融合。初学者在学习阶段一定要注意：颜色的好坏与线稿表达的精细与否有直接关系，没有线稿的支撑，颜色也不会表达清楚，这是因为马克笔和彩铅的笔触要根据线稿阶段绘制的结构关系去塑造，希望大家要重视这一点。

❶ 首先利用彩色铅笔定位空间的整体色调。

● 彩色铅笔可以表现出细腻的渐变效果。

❷ 利用和彩色铅笔相近颜色的马克笔画出空间的大体层次感。

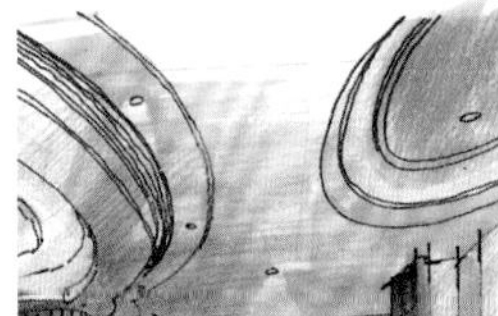

● 马克笔在涂色时要注意近处亮、远处重的过渡关系；笔触方向按照结构摆笔。

❸ 较细致地刻画空间家具部分，注意明暗转折和光感的塑造。

● 重点部位的塑造应拉大对比关系，笔触要细腻柔和。

● 次要部位要体现基本的色彩关系，不能喧宾夺主。

❹ 利用马克笔的叠加深入塑造空间细节。

● 近处的家具明暗层次感相对较弱，这是为了和重点部位有层次上的区分。

● 地毯部分利用冷灰色继续加深远处部位，让空间的进深效果更强烈。同时注意黄色和蓝色之间要很好地结合，用色不能太过生硬，要讲求和谐、统一。

❺ 进入最后的调整阶段，从整体入手加强明暗层次对比，并拉大空间关系，细化材质效果。

● 利用彩色铅笔和马克笔结合方式深入刻画地毯的材质效果，笔触要细腻，既能体现花纹的两种颜色，又能完美结合形成统一的色调。

● 重点部位的光照效果也要考虑周全，灯光细腻的变化利用彩铅效果刻画出来，加重暗部，拉大明暗反差。

● 用彩色铅笔继续加深远处天花的调子，挤出筒灯部位的受光效果，并利用高光笔画出光晕。

7.1.4 严谨细腻的着色方法——阳光餐厅

以往的马克笔上色我们都着重于灯光表现，这张表现图我们将处理成自然光的效果。处理的过程中要注意：由于空间中有大面积的落地窗，这会使得光线大量融入到室内中，因此上色时要削弱天花板上的灯光颜色，并加大留白面积，做足明暗反差来模拟出真实的自然光线效果。下面我们来进行步骤详解。

❶ 首先利用马克笔定位空间的基本色调。

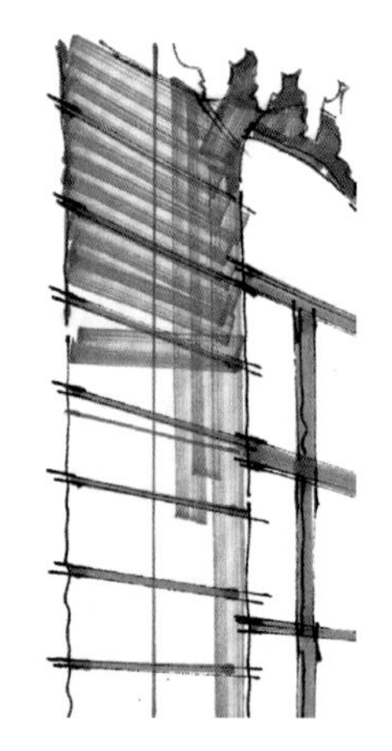

● 墙面虽为深棕色，但由于处在受光面，因此上色时不要选用过重的木色，同时还要注意留白。

● 远处大落地窗的窗棂并没有在线稿中绘制出来，这是为了将它做虚化处理，在这一步利用暖灰色（WG2）体现出来。

● 天花板的白色利用扫笔触体现光线的衰减变化。暗藏灯要弱化，用淡黄色稍作修饰即可。

❷ 画出餐桌椅及地面的固有色。

● 地面的处理要注意其反射变化。

● 除了亮面稍作区分之外，暗面和灰面用相同颜色先平涂，在这一步不做过多的层次变化。

❸ 加入暗色，做出空间明暗层次变化。

● 空间墙面的转折关系要明确，体现远处重、近处亮的层次关系。

● 餐桌椅的明暗层次也随之刻画出来，主要体现在区分两个里面上，亮面还是保持底色的明度。

❹ 深入调整画面，使效果更完整。

● 天花板受大量光照影响，始终处于留白的效果。

● 利用小笔触刻画餐桌椅的形体细节，体现丰富的明暗变化。

● 近处的桌椅明暗层次对比强，远处对比弱，利用这种方式来体现空间关系。

● 墙面的层次感要更细腻深入，并体现略有反射的材质效果，墙砖缝隙处利用高光笔点缀出来。

● 墙面玻璃利用摆笔体现空间反射效果，笔触边线要虚化，并注意留白。

7.2 灵活自如的着色方法

灵活自如的着色方法实际上是在短时间内绘制的效果图类型，它的特点是不受技法限制，可快可慢，可严谨可放松，它会随着每个人的不同风格绘制出不同类型的效果图样式。与严谨细腻的效果图相比，它的随意性更强，过程中没有特别细致的细节处理，只针对整体的空间尺度和风格定位做出一个概念化的表达。

7.2.1 灵活自如的着色方法——展卖场空间

这张图的线稿绘制较随意，线条灵活奔放，没有过多的细节处理，强调空间的整体性和概念性。面对这类型的线稿，颜色部分也会随之概括处理，利用较为灵活的笔触塑造卖场空间的整体设计，体现空间氛围。

❶利用冷灰色（CG6）和暖灰色（WG2）分别画出天花板的固有色。

● 受光部分以留白方式体现。

❷ 利用较纯的色彩绘制出衣服、展柜和装饰画部分。

● 黑色天花板部分的受光面继续保留，边线部分利用重灰色（CG8）压中，体现灯光效果。

● 衣物及柜体等利用纯色点缀，灰中透亮，强化氛围，笔触灵活多变。

❸ 用暖灰色（WG4）画出地面效果，其他部位做深入调整。

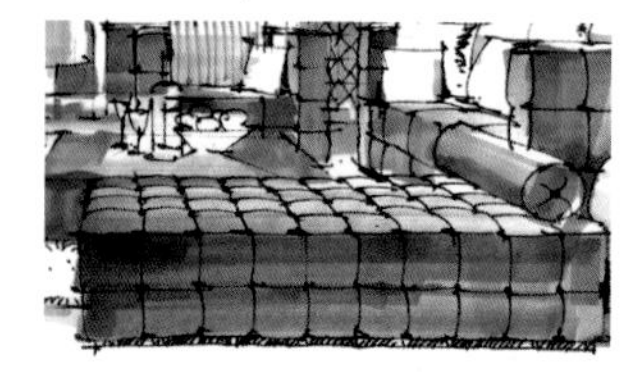

● 地面的笔触以横排笔为主，局部的反射效果利用竖线和褐色彩铅点缀。

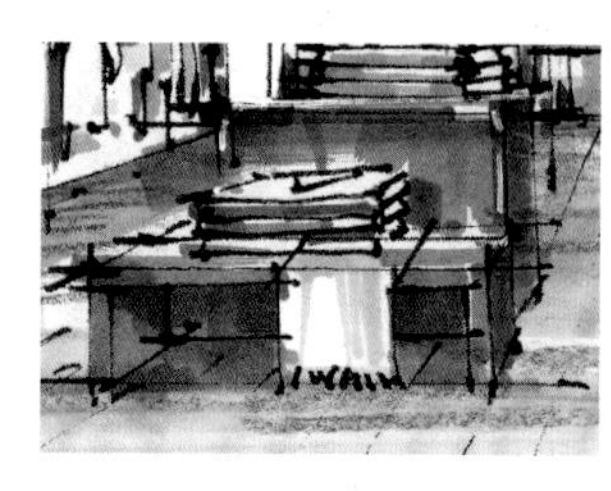

● 加强物体的明暗效果，体现结构关系。

● 墙面装饰部分的笔触灵活体现出其色彩关系，与整体氛围和谐即可收笔，不必深入刻画。

7.2.2 灵活自如的着色方法——图书馆

这张表现图虽运用了尺规塑造空间，但图面效果则相对概念，以“抓轮廓”的方式绘制了空间造型，这种方式在效果图表达中也算一种绘制风格，即线稿先抓住透视规律和空间尺度，再利用颜色去进行深入塑造。

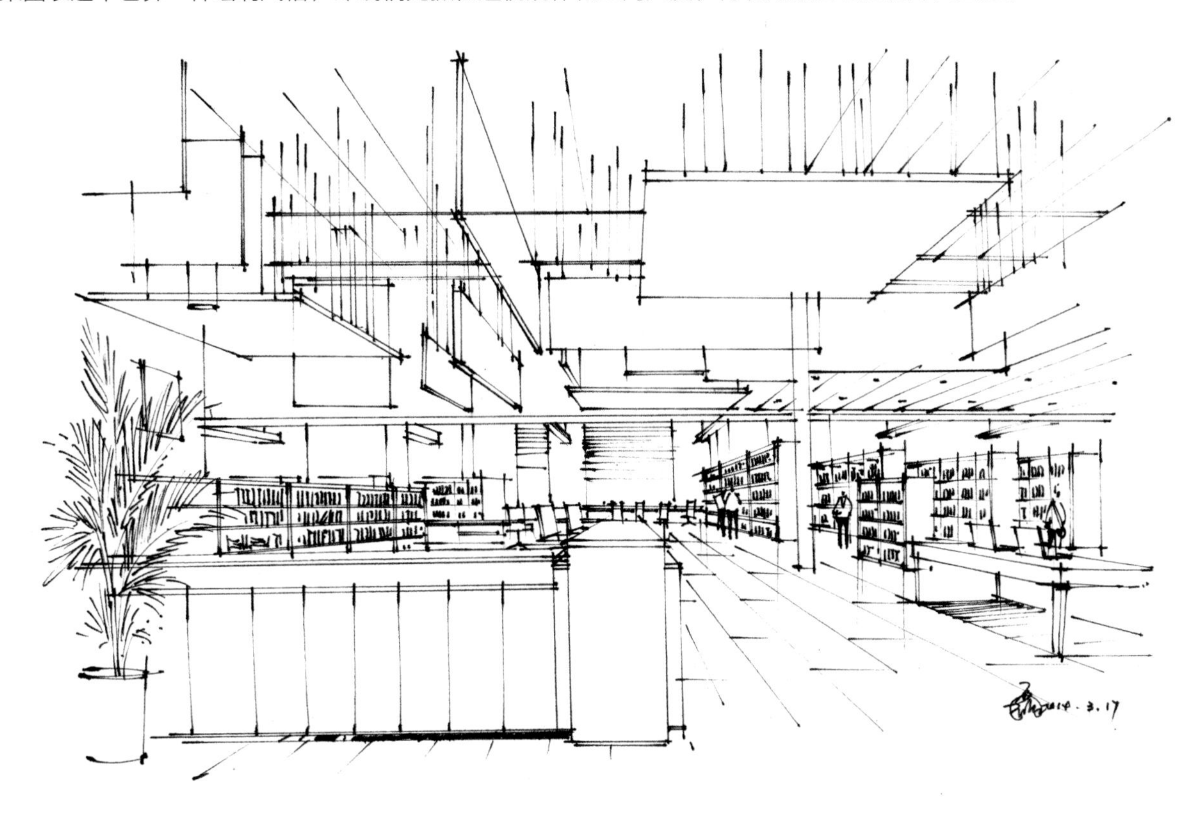

❶ 利用冷灰色（CG6）、暖灰色（WG1/WG2）和木色（my color 93）分别画出空间天花板和墙面的基本色。再利用淡蓝色（my color 156）画出玻璃及部分广告牌的颜色。

❷ 利用my color 101画出空间书架的固有色；stylefile marker 360号马克笔画出椅子及局部天花板的颜色。

● 注意大块面需做笔触渐变，小块面可不做笔触渐变。

❸ 深入刻画空间，完善画面效果。

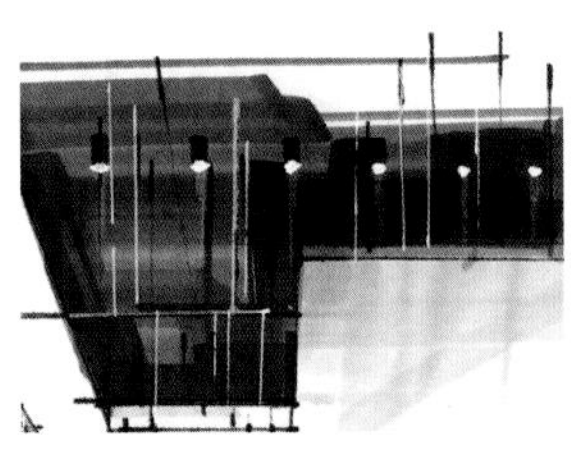

● 天花板的筒灯利用黑色（120号）和高光笔点缀。

● 和黑色天花板形成对比，海报的位置以留白体现。

● 整体塑造完成之后，可利用笔触做点缀，丰富画面。

7.3 局部点缀的着色方法

局部点缀的着色方法通常都是在短时间内完成的，一般会用在构思草图表达阶段，其特点是抓住空间的重要部位进行着色，而次要部位则被省略或简化，让观者一目了然地了解图面表达意向。局部着色需要绘制者有极强的把握主次的能力，很多初学者不会取舍，觉得没着色就是没画完，最后画得很满却缺少层次。在这里我们将列举4个空间的案例来为大家进行讲解，希望对初学者有所帮助。

局部点缀的着色方法——别墅空间

这个别墅空间是一个复式空间，其线稿画得非常全面，与上张会议室图稿对比来看，这张图是以线面结合的方式来绘制的，尺度把握准确，空间感很强，即使不上色也能够看出空间的重点部位在哪里，因此我们可以延续线稿的表达方式来继续上色。这张图的颜色我们还是以彩色铅笔为主。下面我们来进行步骤讲解。

❶ 首先运用淡黄色彩铅画出空间的光效。

❷ 刻画空间的深色材质部分，加强明暗反差。

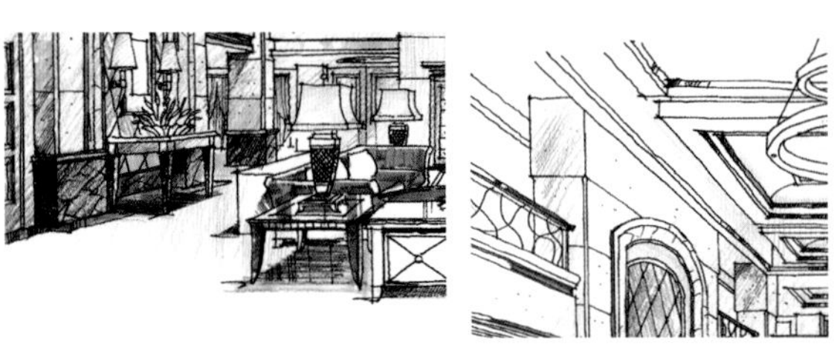

● 深色部分基本上处在地面位置和窗帘位置，因此为了拉大对比，墙面和天花仍保持留白。

❸ 对重点部位进行深入刻画，次要部位省略。

● 重点部位的光感、形体转折和材质效果应做细致刻画。

● 临近重点部位的结构要呼应主体，因此稍加点缀即可。

❹ 抓住空间重点部位进行深入刻画。

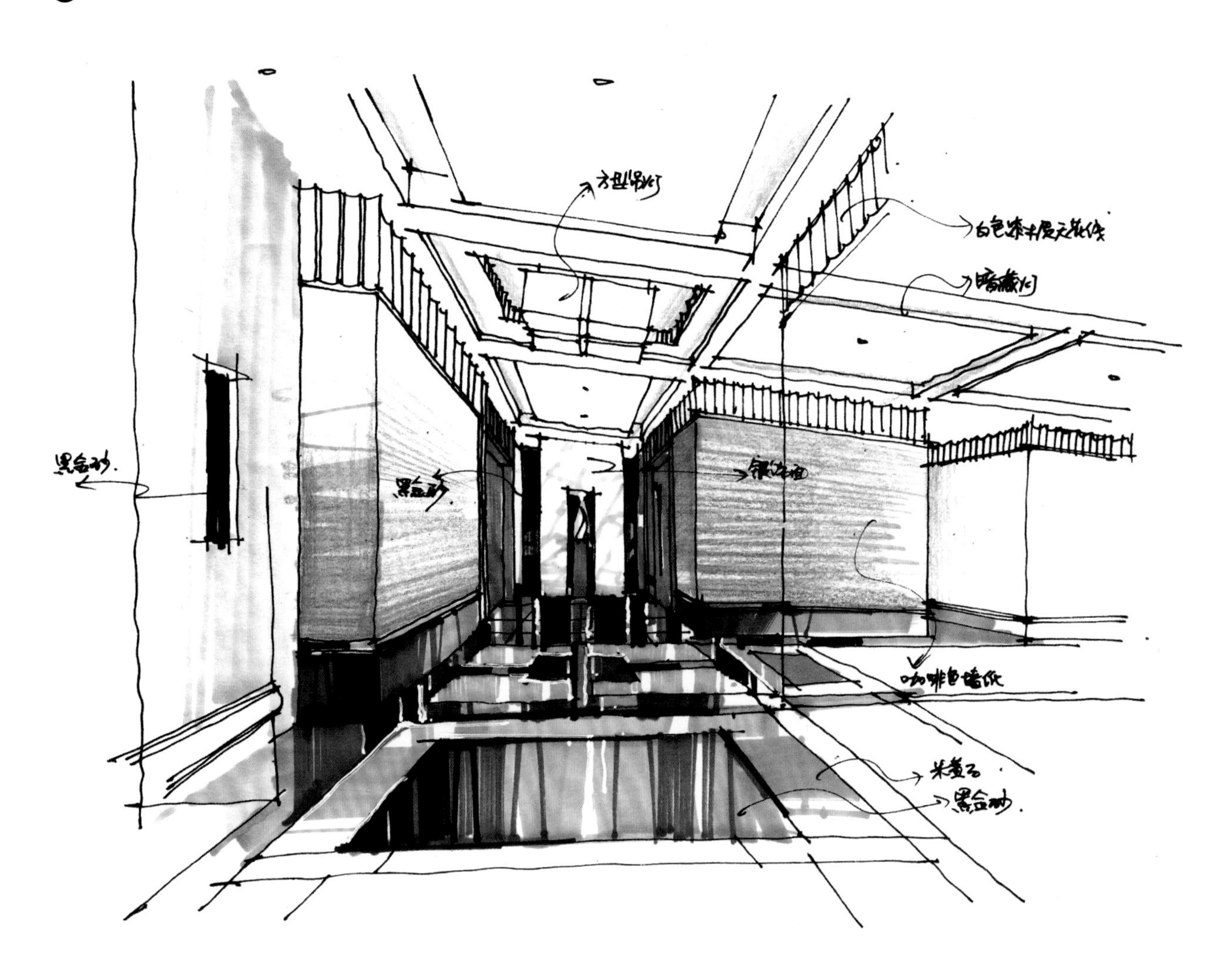

● 地面黑色和黄色地砖的效果利用竖排笔画出材质的反射效果。

● 强化墙面的转折关系，利用马克笔（stylcfilc marker 850）做出笔触效果。

● 白色石材墙面利用冷灰色（CG2）画出纹理效果。

第8章 方案表达

8.1 尺寸标注

工程图中的尺寸标注，虽然已经清楚地表达形体的形状和各部分的相互关系，但还必须注上足够的尺寸，才能明确形体的实际大小和各部分的相对位置。在标注图面尺寸时，要考虑两个问题：即投影图上应标注哪些尺寸和尺寸应标注在投影图的什么位置。以下章节我们将针对室内设计的要求来为大家讲解。

8.1.1 尺寸线、尺寸界线、起止符号及尺寸标注

尺寸线在图纸上一般都处理成细实线，一般会画成两条，即一条是分尺寸线，一条是总尺寸线。很多人在标注尺寸线的时候只标注一条分尺寸线，或者只标注一条总尺寸线，这样都会让看图的人觉得尺寸不具体，还得另行计算，影响方案的认可度。因此，在绘制时必须全面标注好尺寸线，甚至还要根据需要增加细节尺寸线，这样才会体现所有尺寸的需要，并给读图人带来便捷。

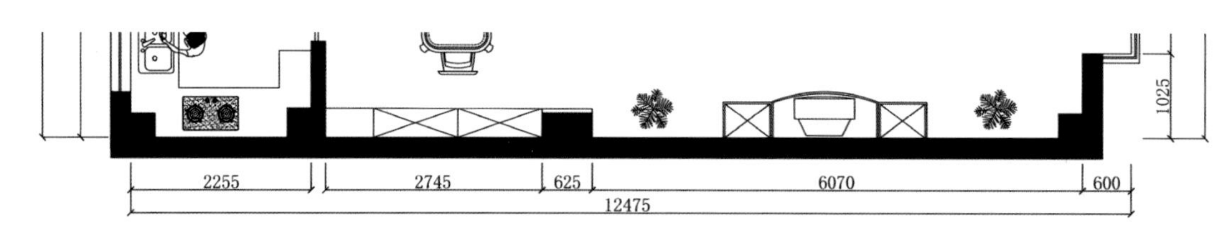

尺寸界线也是用细实线表示的，一般与尺寸线垂直。起止符号一般用较粗的斜线来标注。尺寸标注一般写在靠近尺寸线的中部，多以阿拉伯数字为基本标注，同时注意字体不要写得过于倾斜，避免给人“不正”的感觉。学生一般会在大学设计作业和快题考试中才会接触到这些手写的标注，建议大家平时可以参考标准的CAD图纸，把常用的符号记录下来并加以训练。

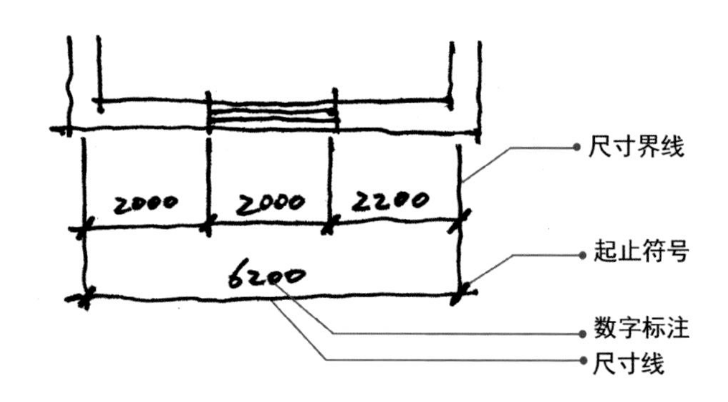

8.1.2 标高的标注

在实际的量房工作中，不仅需要测量空间的长度和宽度，高度也是不容忽视的，因此在平面图中还需要标注标高。

8.1.2.1 标高的符号

标准的标高符号是等腰直角三角形，三角形的尖端应指向被注高度的位置，尖端可上可下。数字标注应该写在标高符号的右侧或者左侧。当然，如果是画草图，则做到基本准确就好，不用追求完全符合标准。

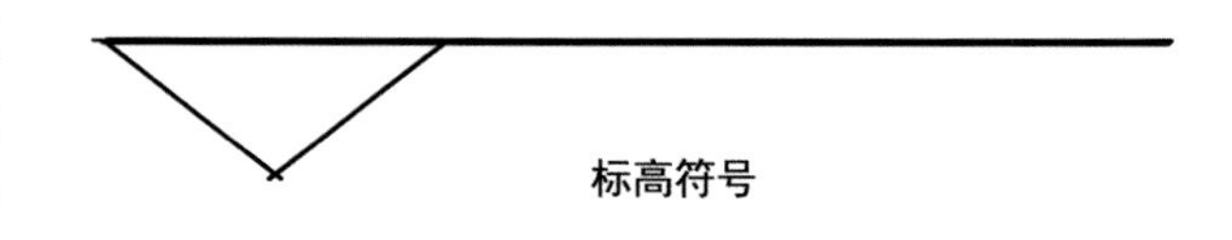

8.1.2.2 正负标高

室内地面层的标高一般是 ± 0.000，要记住，正数标高前面不加“+”号，负数标高要加上“－”号。

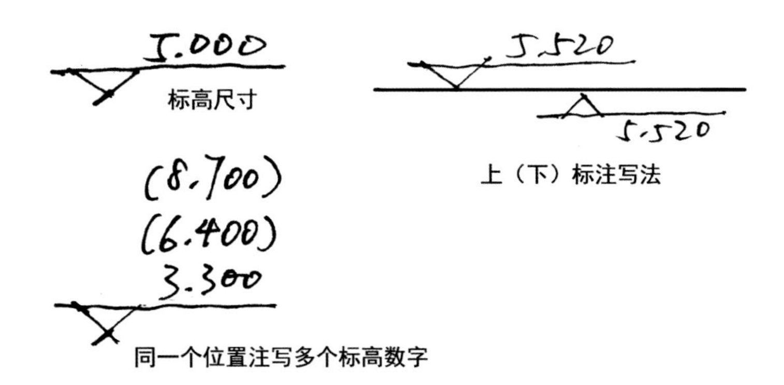

平面图

8.2.1 平面布局图

平面布局图是工程图的基本图样，反映的是整个室内空间的总体布局，表明各个空间的功能划分，各种固定设施，家具大小和相对位置，以及室内动线和地面铺装等。同时还反映了纵横两轴的定位轴线和尺寸标注数据。它是施工放线、砌筑、门窗安装、装修及编制预算、备料等工作的依据。

在项目评审中，甲方以及专业的专家也会通过研究平面图并从中发现布局问题，从而提出修改方案的意见和建议。设计课的老师在评图改图的过程中也会先从平面布局下手，审视空间布局与形式关系。对于应试而言，平面图布局的好坏也会直接影响考试分数的高低，而且在图纸上所占的面积也是最大的。因此我们在对空间整体进行构思的时候，应该先从平面图下手，通过不断地摸索与改进，最终展现出一个较为成熟的平面空间设计方案。

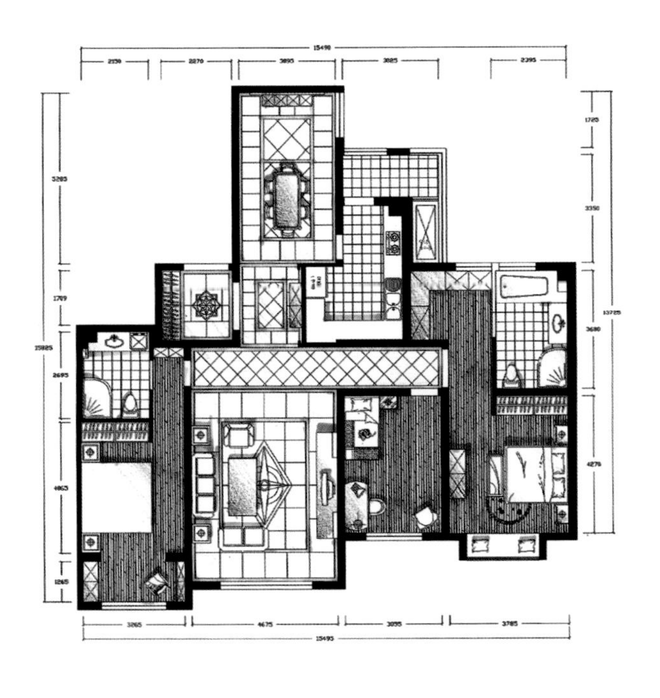

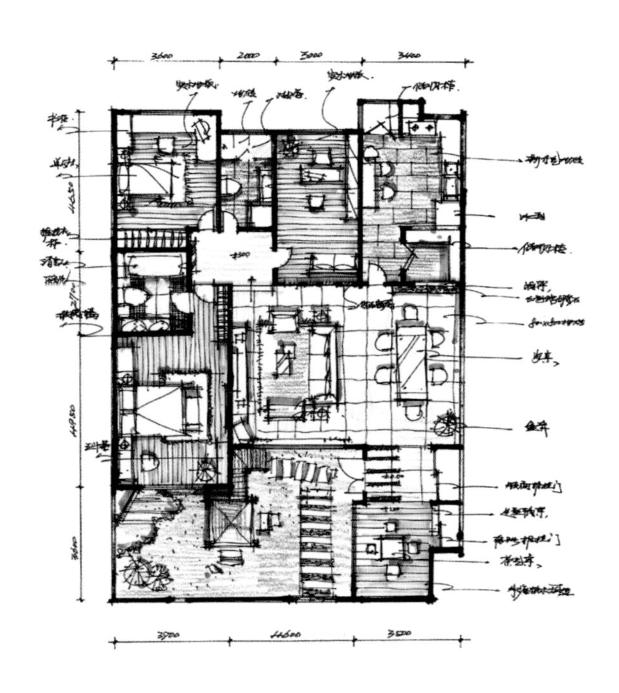

8.2.2 天花板布局图

天花板布局图也是平面图的一种，主要用来表达顶部结构的造型与尺寸，材料与规格，灯具与样式，以及空调风口、消防、音响和报警系统等的位置。

天花板布局图包括的主要内容有：

❶ 建筑物及其房间的名称、尺寸、定位轴线和墙壁厚度；
❷ 雨篷的位置及其尺寸、顶面材料；
❸ 灯具、空调的出（回）风口、消防设施、音响设备的布置和尺寸定位；
❹ 门窗部位过梁的位置和尺寸，要注意天花板布局图不画门窗，只画过梁；
❺ 标明顶棚剖面构造详图的剖切位置及剖面构造详图所在的位置。

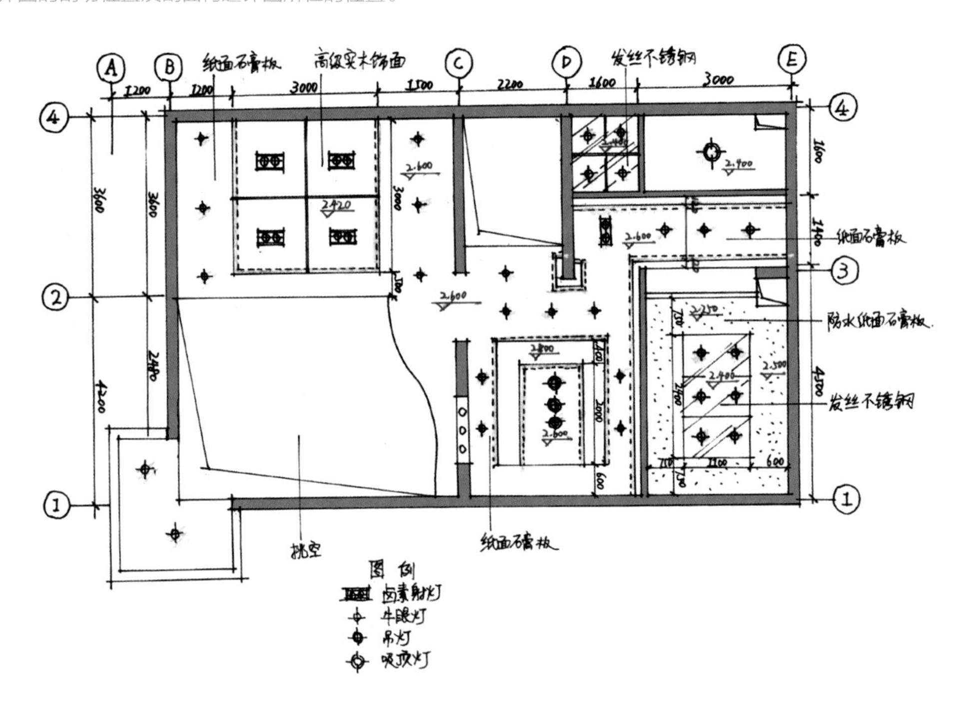

8.3 墙体

手绘表达中的墙体不必一定按照真实的墙厚比例去画，只需要区分清楚内墙与外墙、承重墙与非承重墙即可。墙体在平面图中要以双线表示，线条会按照墙体的厚度出现不同的宽窄变化。一般承重墙要画得宽一些，非承重墙要画得窄一些，同时还可以利用不同颜色来区分墙体是承重还是非承重，主要是为了让人明白设计师的意图。

● 黑色代表承重墙、灰色代表非承重墙

楼梯

楼梯一般会出现在大户型中，在空间设计中同样占有很重要的地位，在表达中常会出现3种类型的楼梯：首层平面楼梯、标准层平面楼梯和顶层平面楼梯。在图面表达时要明确楼梯跑道的箭头方向，手法上不用追求真实的效果，只要保证图里的画法是正确的就可以了。

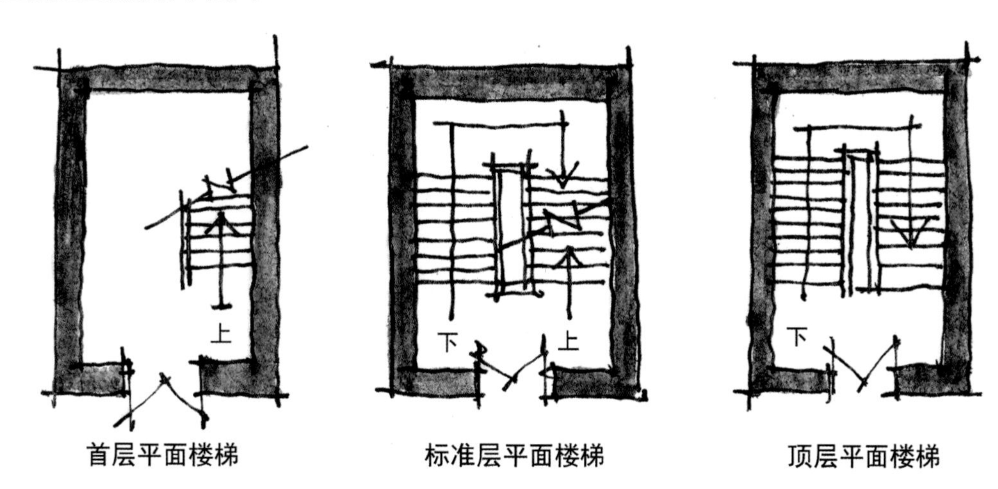

首层平面楼梯　　标准层平面楼梯　　顶层平面楼梯

窗户

窗户的表达非常简洁，一般的墙体是用双线表示的。如果墙体之间有窗户，就需要用两条与墙线垂直的线条分割出窗的位置（具体的尺寸以实际两房为准），然后在这个框架里画上两条直线就代表了。

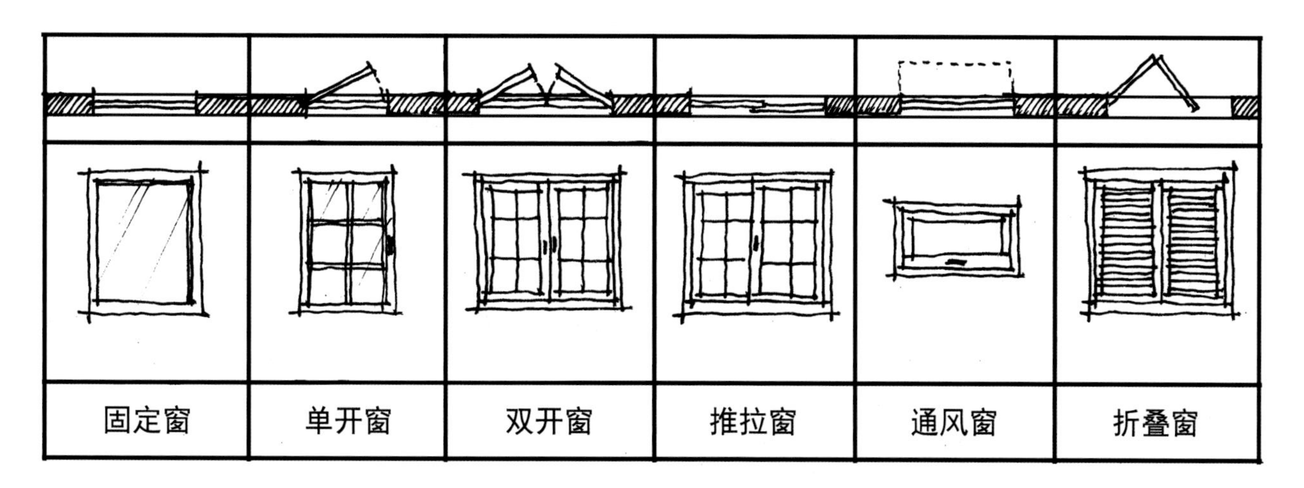

常见窗户示意图

门

室内平面空间中的门是必须要画的，不同的空间会安排不同形式的门，因此我们需要掌握好门的平面符号以及它的开启方向。

一般在草图绘制阶段，门的表达不必刻意按照设计规范的规定来画，只要能做到清晰的表达，让甲方看得明白就可以了。下面列举了几种常用平面门的符号供大家参考。

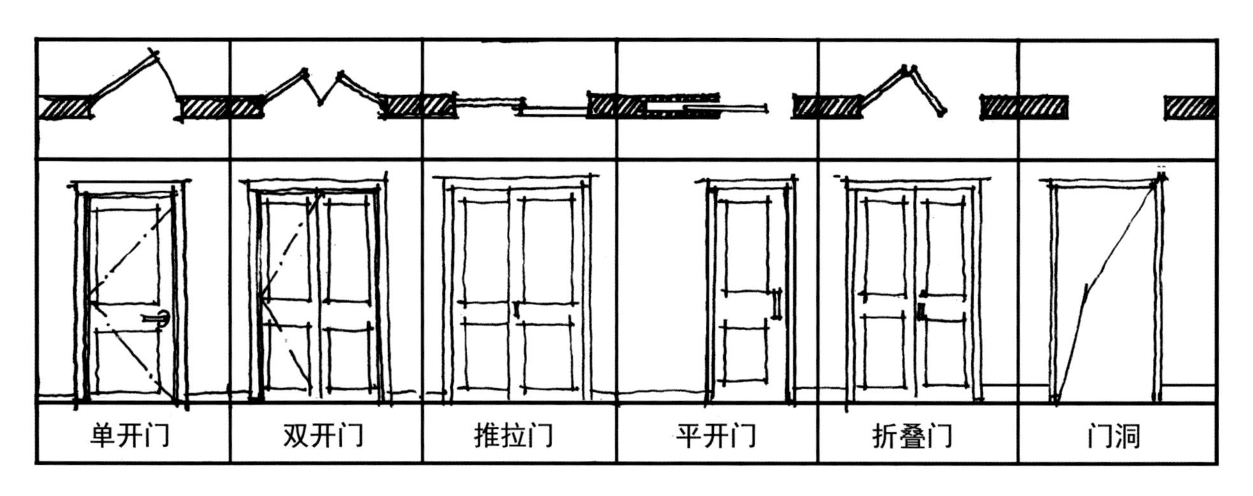

● 常见门示意图

8.7 家具平面表示法

平面图中有很多元素符号，这些符号都是源自CAD演变过来的概念符号，在手绘表达中我们也需要记录下来，以便在草图中使用。家具的平面符号看似简单，但实际上需要我们找准比例，保证形态准确。一旦绘制不当，就会影响整个平面图的设计，导致专业人士的误解，也会影响对图纸的第一印象。另外，平面元素不必画得过于细致，只需概念地表达尺度和位置便可，建议大家要多加练习，灵活运用。

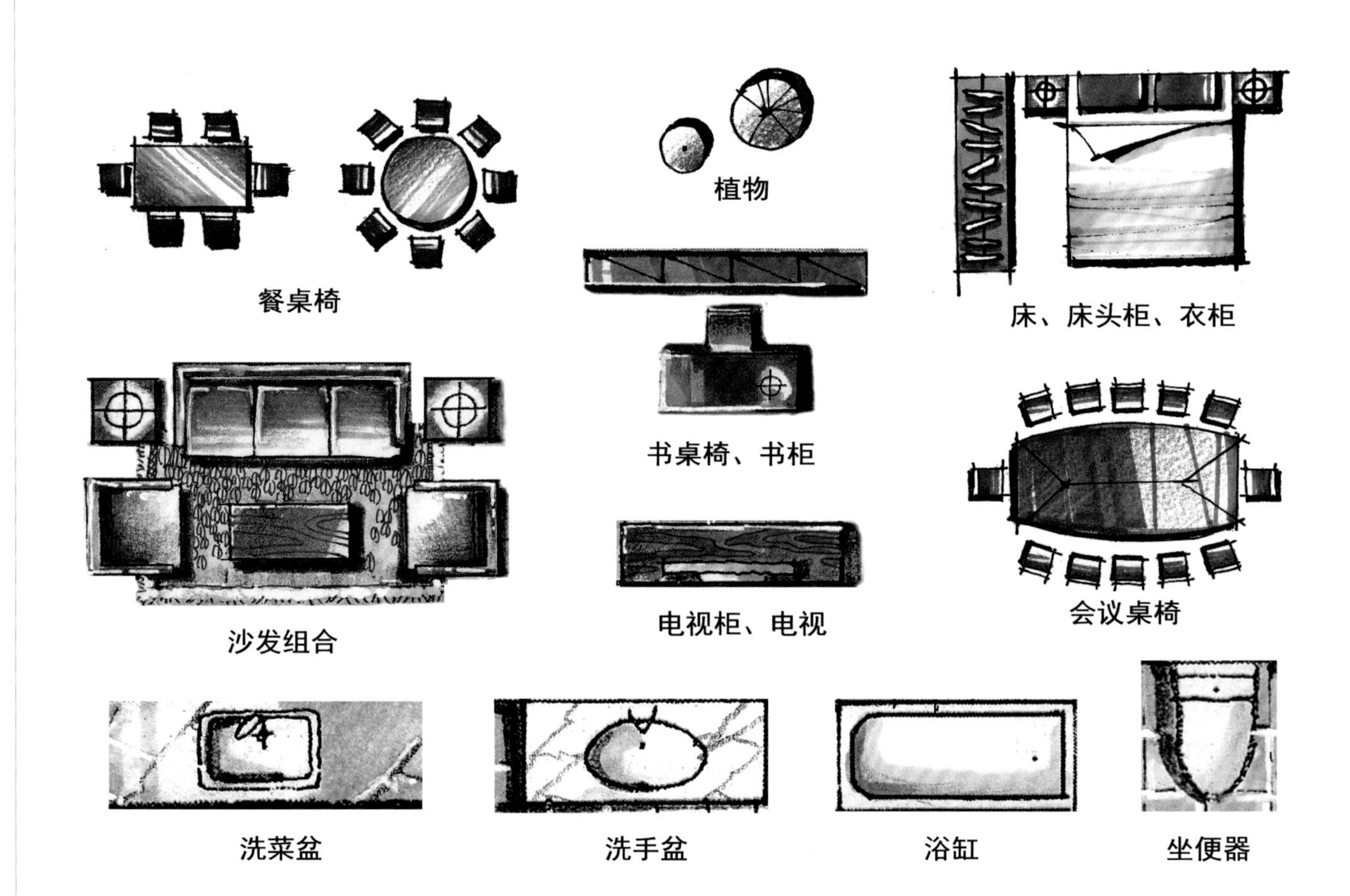

8.8 平面图表现实例

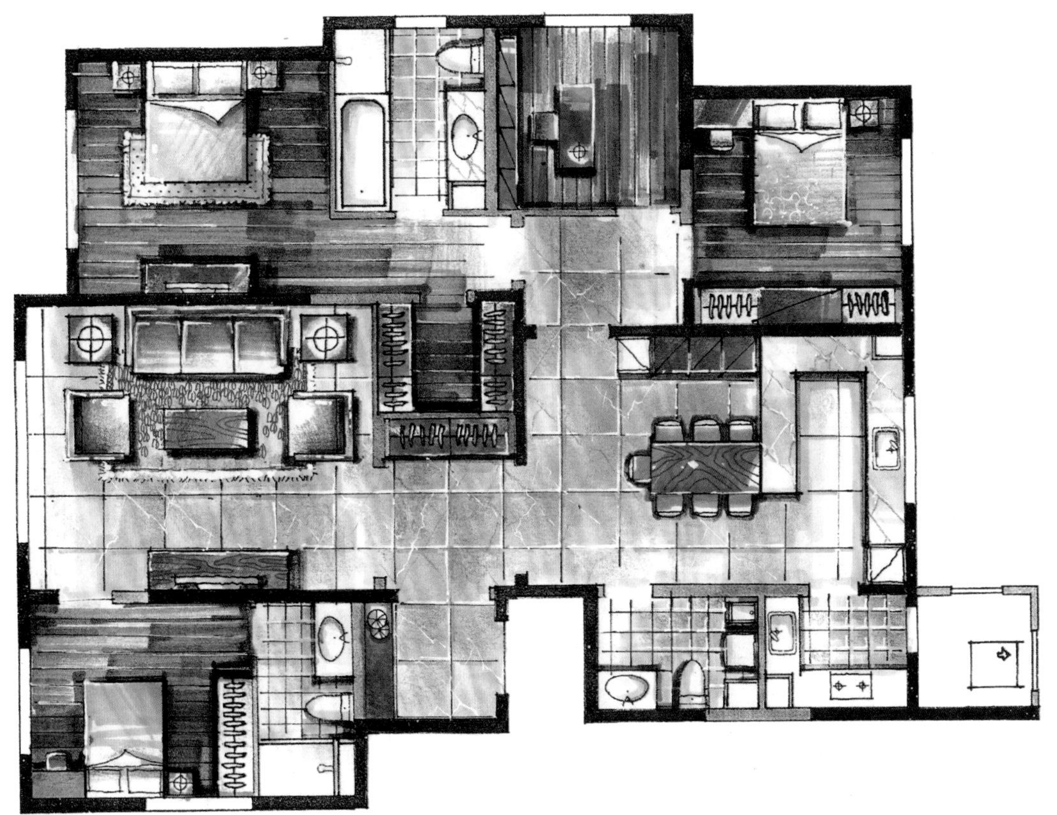

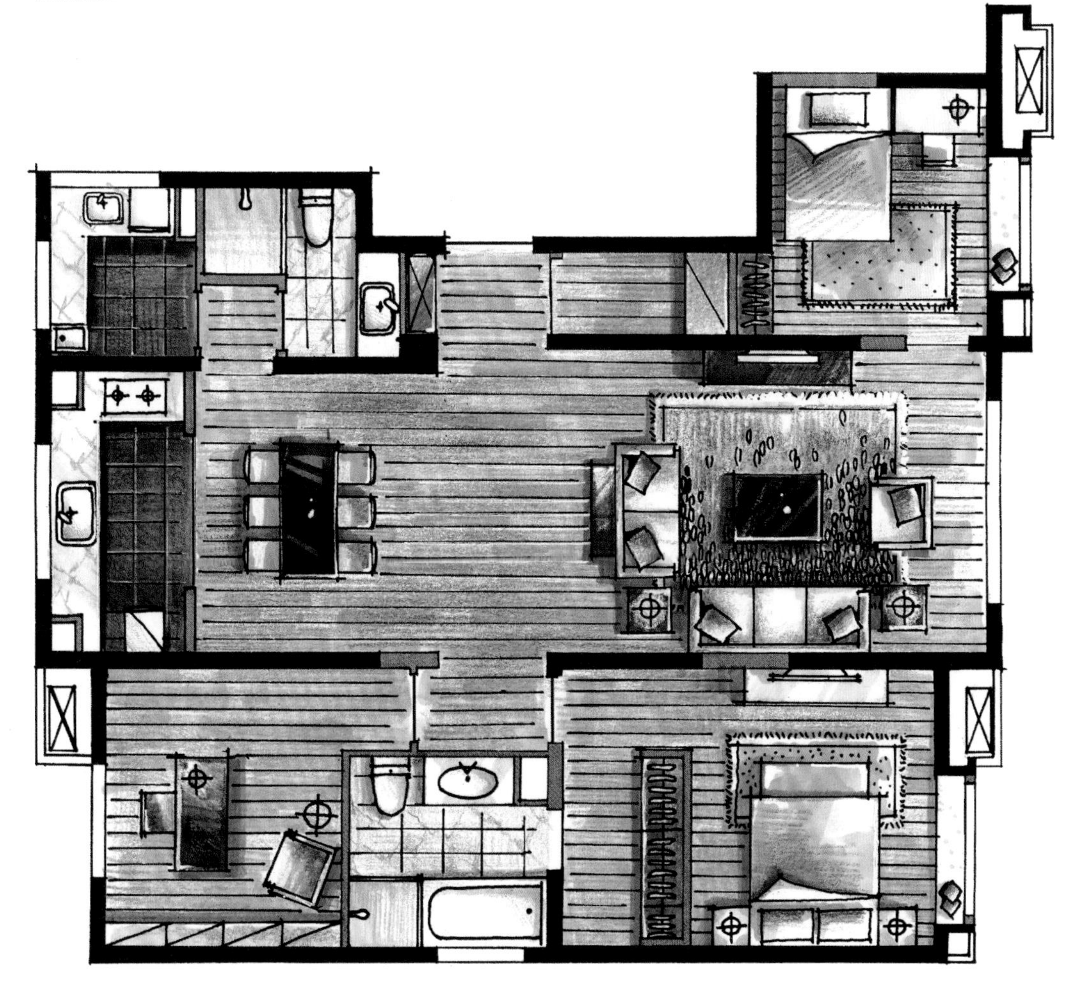

● 作者：李磊

● 作者：宁宇航

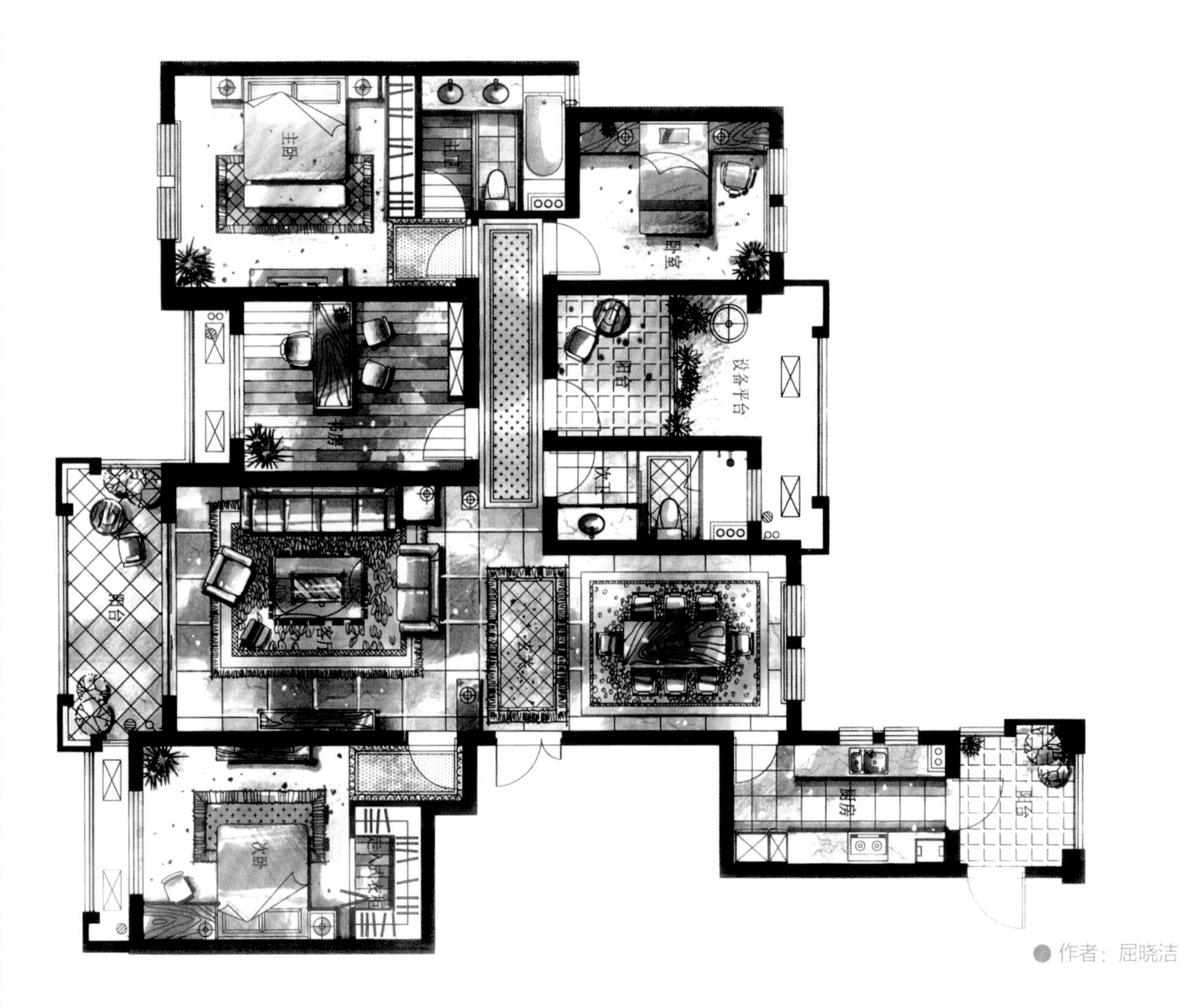

● 作者：屈晓洁

8.9 立面图

8.9.1 立面图的作用

立面图是指将室内垂直面上所有看得见的构件、装饰及细部都按照正确尺度与比例表示出来的图纸效果。

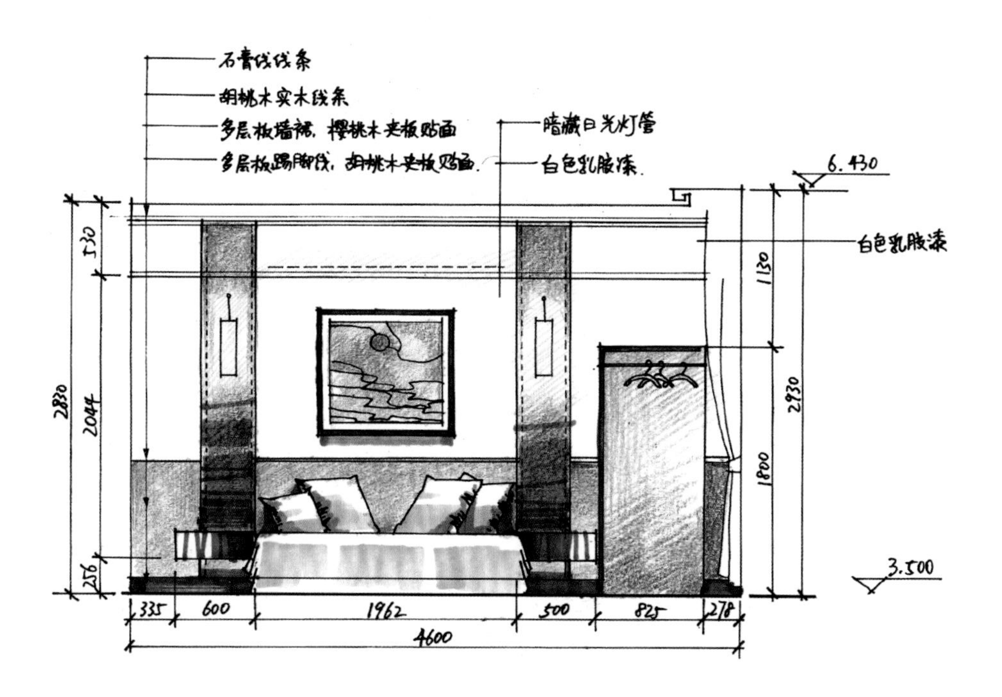

立面图同时也是设计师推敲墙面材质、造型和风格的主要手段，设计师在进行设计时绘制的平面图往往不会体现出里面的装饰效果，因此，需要用立面图来弥补平面图上的不当或者不易表现的位置（如墙面的造型和高差）。因此，我们可以把立面图看成是展现竖向设计构思的一个示例，让专业人士和甲方能够理解设计师的设计思想。

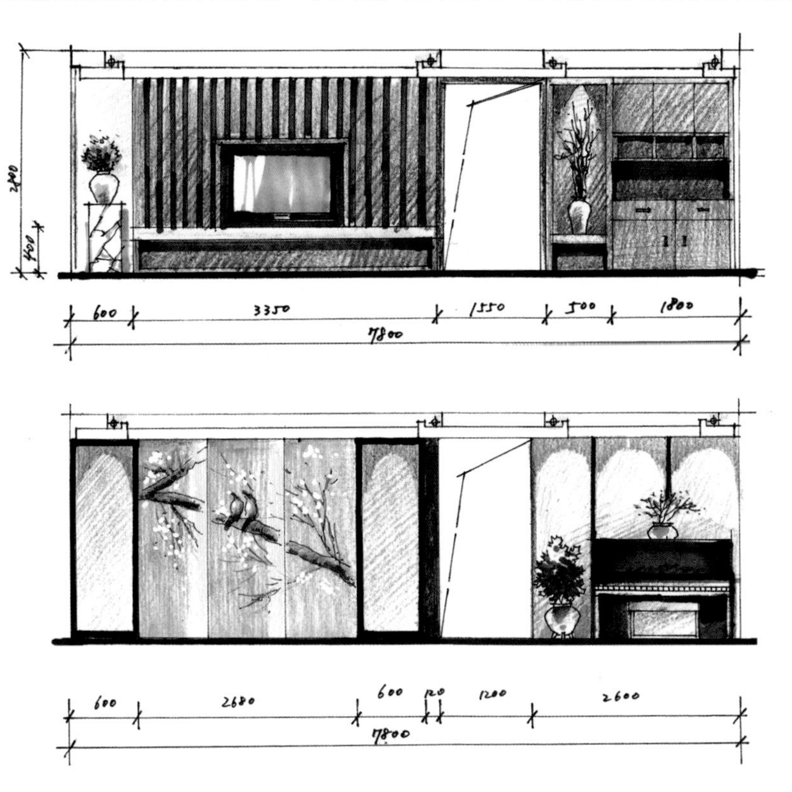

8.9.2 立面图绘制的注意事项

❶ 立面图一般需要引出文字说明，解释材质搭配和结构方法等，文字说明要尽可能详细。

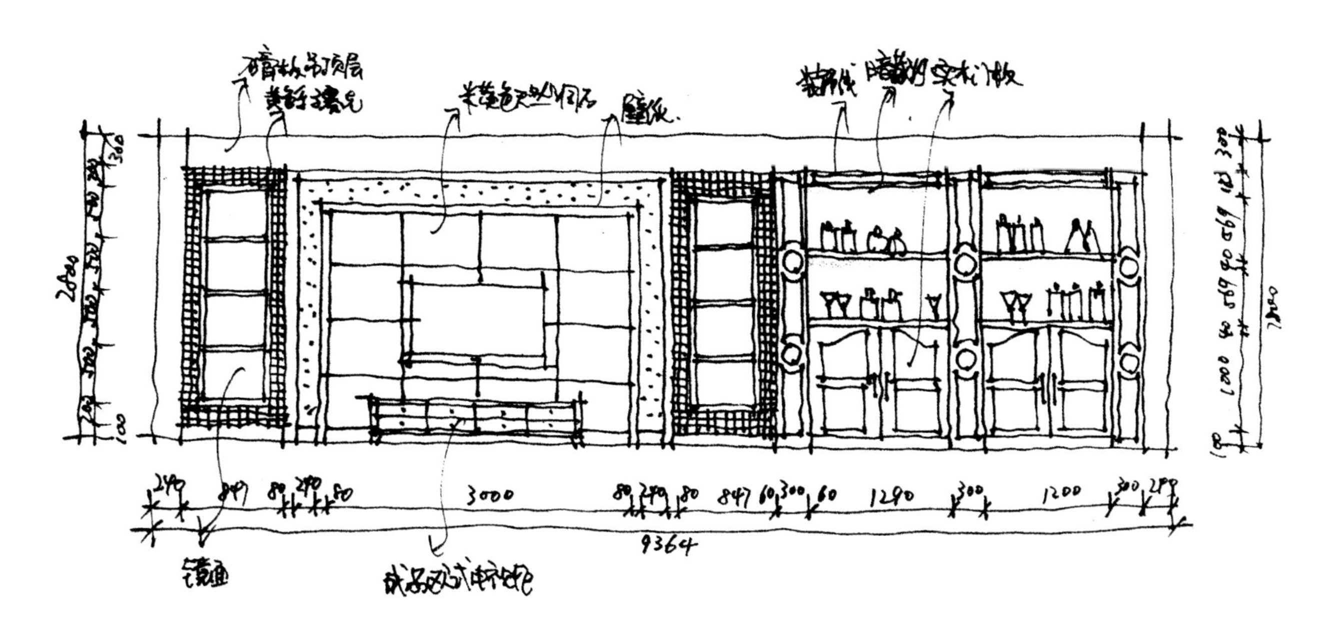

❷ 立面图需要标注标高，说明立面图的起始高度和最终高度。如果墙面造型或者家具尺寸较多，就需要加入分尺寸标注说明细节。

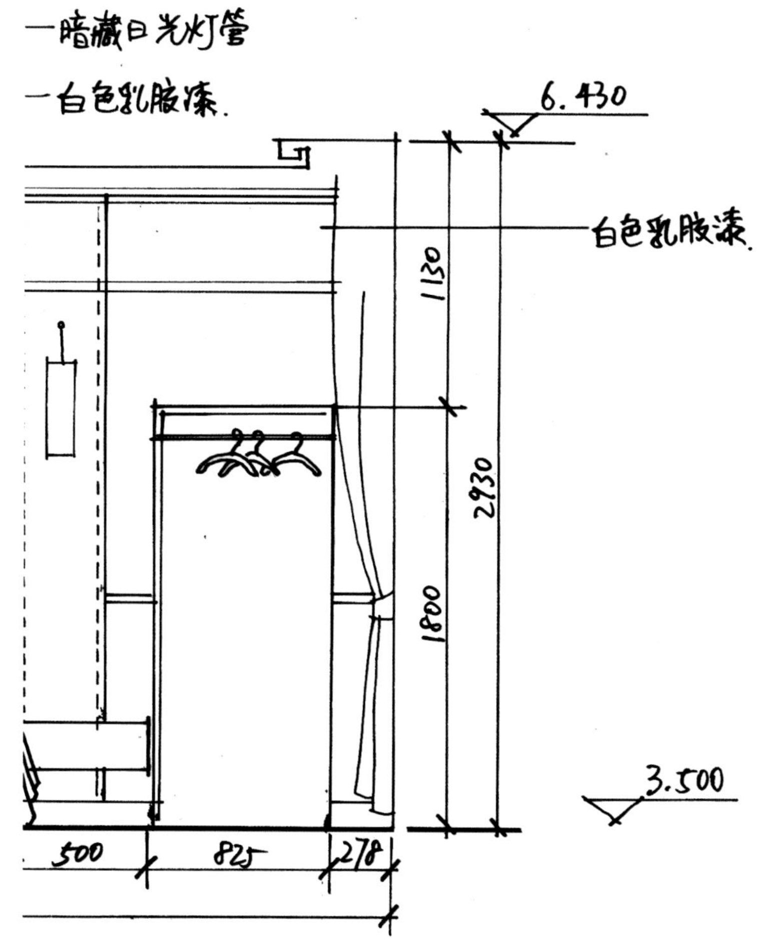

❸ 立面图的表达同样需要有层次感，如地平线通常会使用加粗实线，立面轮廓线使用中粗实线，内部线条使用细实线，也可以用不同的线条区别物体的轮廓线，以表示前后关系。

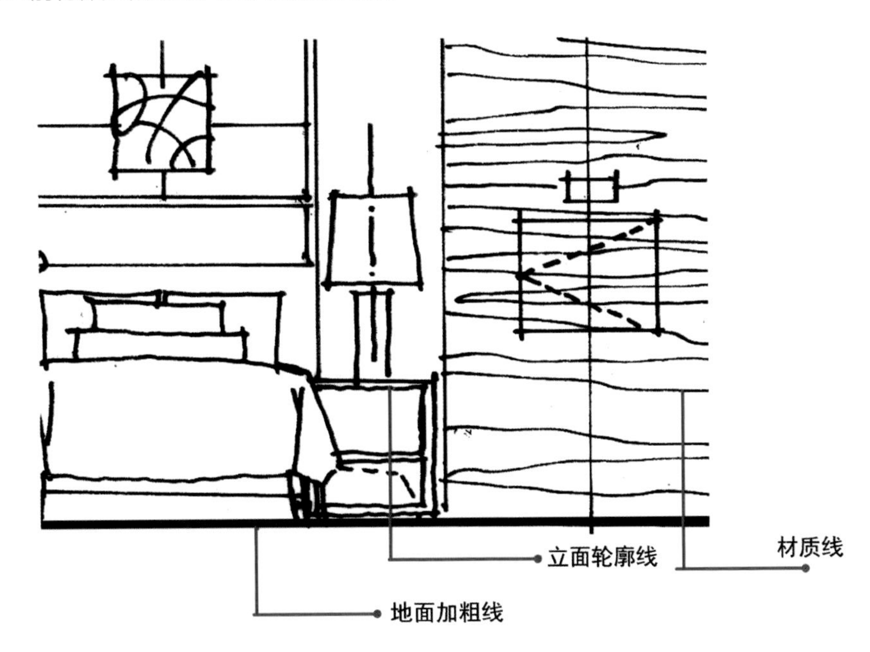

❹ 在某些物体之间可以增添阴影效果，以示叠加关系。

❺ 立面图不用画出墙体凹凸效果。当空间墙面有凸起时，立面图中只用竖线分割表示。

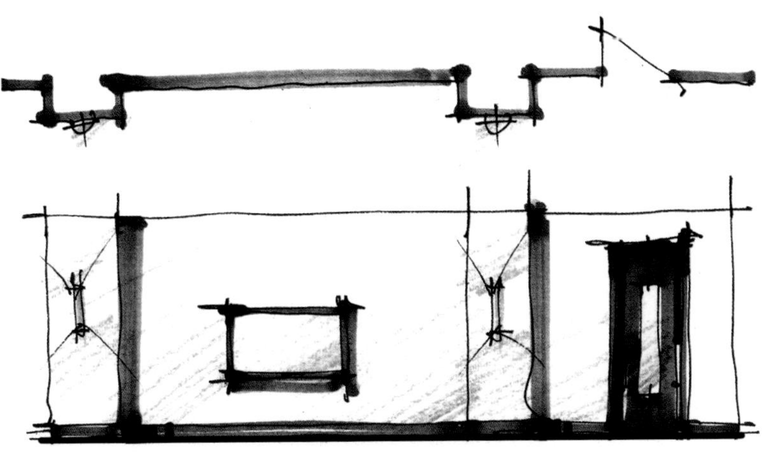

8.9.3 立面图表现实例

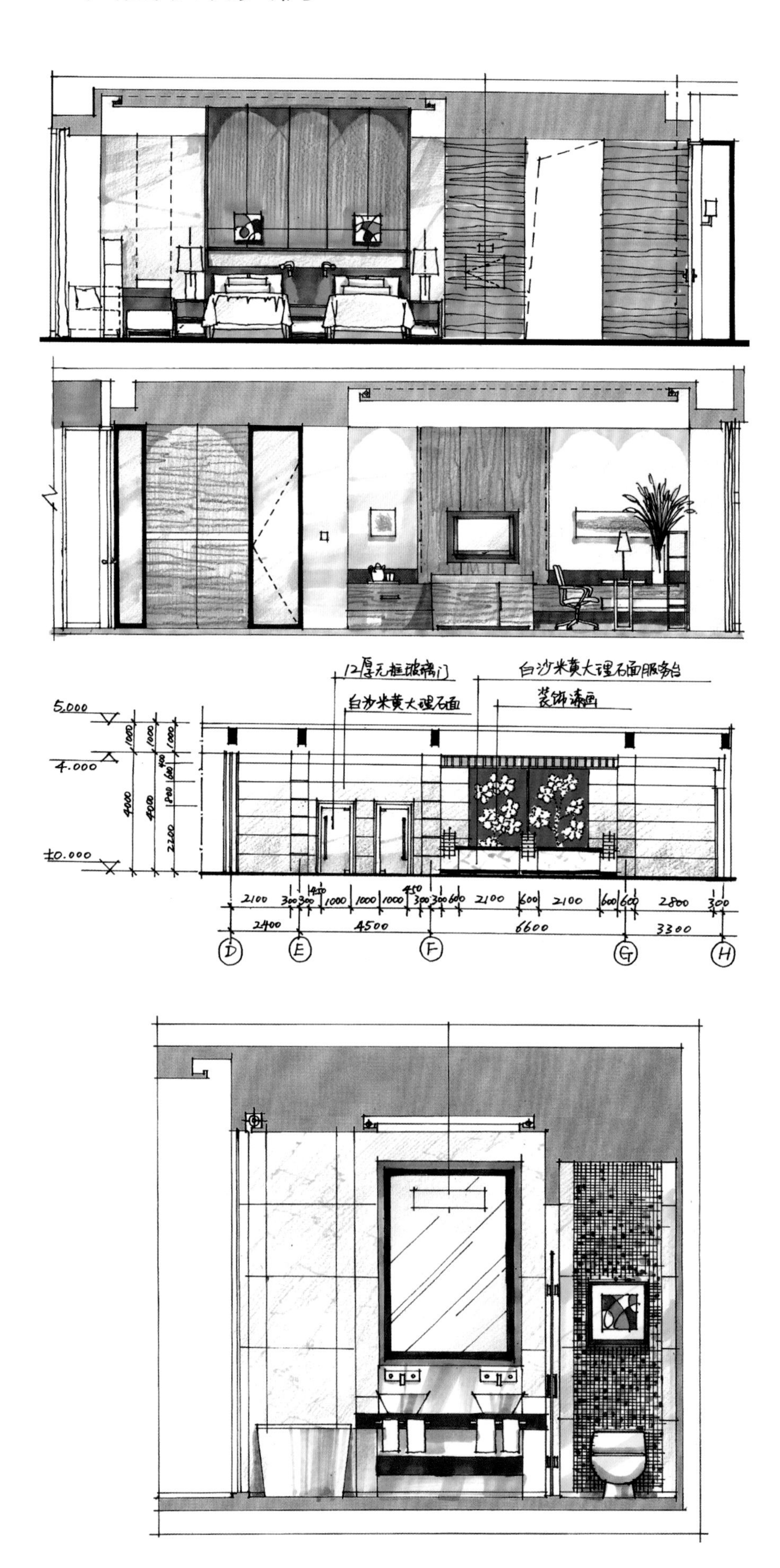

12厚无框玻璃门
白沙米黄大理石面服务台
白沙米黄大理石面
装饰漆画
5.000
4.000
±0.000
2100
2400
4500
6600
3300
2800
D
E
F
G
H

2013.12.28

2013.12.27
客厅设计草图

2013.11-22.

2014.3.4

第1章
第2章
第3章
第4章
第6章
第7章
第8章
方案表达

2014.3.26

2014.3.17

2013.11.25

2013.7.31

2010.2.27

2010.2.23

2014.2.26.

backeye

2013.10.23
南
城
記
2013.12.11.

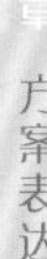

adidas